Androidプログラミング入門
―― 独りで学べるスマホアプリの作り方 ――

株式会社 アンサリードシステム教育事業部 編

長谷　篤拓
中庭　伊織　共著

コロナ社

まえがき

 Androidも世に登場してから7年以上がたち，スマートフォンやタブレット用のOSとしてメジャーな存在となりました。現在もカメラやメモ帳，ソーシャルゲームなどのAndroidアプリケーションが日々新しく公開されており，そのほかにもビジネスユースのアプリケーションの開発を行う業務なども存在し，Androidアプリ技術者の需要はいまだ高い状態が続いています。

 今後はスマートフォンやタブレットだけでなく，Android Watchのようなウェアラブルデバイスも徐々に広まっていくと考えられます。また，Android OSは携帯機器に搭載されているイメージが強いかと思いますが，テレビや冷蔵庫などの家電製品にも搭載されており，今後はまったく別の形態で利用されていく可能性もあり得るでしょう。

 本書はAndroidアプリケーションの開発をこれから始める，もしくは触れて間もない初心者向けの技術解説本です。解説はAndroid固有のAPI(Application Programming Interface)を主としているため，開発に用いるプログラミング言語のJavaに関しては，文法や用語の解説を省略しています。Javaについての知識は，専門の参考書などを用いて学習していただければと思います。

 Androidアプリケーションでできることは多岐にわたるため，紹介している技術はその一部にすぎません。ですが，本書では特に使用頻度の高い，もしくは重要な技術を優先的に紹介しています。読み終える頃には，簡単なアプリケーションを開発するために必要な知識は，一通りそろうことと思います。

 本書の使い方ですが，サンプルアプリケーションを通してAndroidの技術を紹介しているため，初めてAndroidに触れる読者は順々に読み進めてください。また，Androidについて知識のある読者は，必要な箇所だけを利用し，逆引きリファレンスとして使用するのもよいかと思います。

まえがき

　本書は，株式会社アンサリードシステム教育事業部で行っていた初級者向けの Android 技術研修の講義資料を，書籍化に当たって大幅にブラッシュアップしたものとなります。そして，講義の中で好評だったアプリをサンプルとして収録しました。センサやタッチイベント等，携帯機器ならではのプログラムを用意しましたので，アプリを楽しみながら読み進めることができることと思います。

　各章の構成も講義の流れを踏襲しており，サンプルアプリの解説と，演習問題により構成されています。コロナ社の本書の紹介ページ（http://www.coronasha.co.jp/np/isbn/9784339028621）からソースコードがダウンロードできますが，本文中にフローチャートも掲載していますので，こちらも理解の手助けとして活用していただければと思います。また，巻末付録に掲載した使用頻度の高い API のリファレンスも一読しておくと，今後の開発に役立つかと思います。

　また執筆に当たり，茨城工業高等専門学校の飛田敏光教授，および出版に尽力いただいたコロナ社の皆様へ心より感謝を申し上げます。

　本書には，筆者が業務として Android アプリケーションの開発を行っていく中で得たノウハウを詰め込みました。読者が Android に興味を持ち，新たな Android 技術者として活躍するための手助けとなることを願っています。

　2016 年 8 月

株式会社 アンサリードシステム
代表取締役　長洲　雅彦

目 次

1. はじめに

1.1 本書について……………………………………………………………1
1.2 本書の対象者……………………………………………………………1
1.3 本書の使用法……………………………………………………………2
1.4 推 奨 環 境……………………………………………………………2
1.5 開 発 環 境……………………………………………………………3
1.6 サンプルのソースコードについて…………………………………3

2. Androidに触れる

2.1 Androidとは……………………………………………………………4
2.2 開発環境の構築…………………………………………………………5
2.3 プロジェクトを作る……………………………………………………7
2.4 エミュレータでプロジェクトを実行する…………………………13
2.5 Android端末でプロジェクトを実行する……………………………15

3. 数当てゲームを作る

3.1 サンプルアプリの確認………………………………………………17
3.2 前 準 備………………………………………………………………18
3.3 Androidアプリの概要…………………………………………………19
3.4 リソースファイルの解説……………………………………………20
　3.4.1 値 の 定 義……………………………………………………20
　3.4.2 レイアウトの定義………………………………………………23

3.4.3　アイコンファイルの定義 …………………………………… 29
3.5　AndroidManifest の解説 ……………………………………………… 30
3.6　プログラムの解説 ……………………………………………………… 32
　　3.6.1　Activity クラスの継承 ……………………………………… 32
　　3.6.2　初 期 化 処 理 ………………………………………………… 32
　　3.6.3　スピナー選択イベント ……………………………………… 36
　　3.6.4　正解値抽選メソッド ………………………………………… 37
　　3.6.5　クリックイベント …………………………………………… 38
　　3.6.6　入力欄イベント ……………………………………………… 39
　　3.6.7　正 解 判 定 …………………………………………………… 40
3.7　デバッグツール ………………………………………………………… 43
演　習　問　題 ………………………………………………………………… 44

4．ドラムアプリを作る

4.1　サンプルアプリの確認 ………………………………………………… 45
4.2　ビルド設定について …………………………………………………… 46
　　4.2.1　build.gradle とは …………………………………………… 46
　　4.2.2　build.gradle の構成 ………………………………………… 47
　　4.2.3　build.gradle を GUI で編集する ………………………… 50
4.3　リソースファイルの解説 ……………………………………………… 51
　　4.3.1　画 像 の 管 理 ………………………………………………… 51
　　4.3.2　values ディレクトリによる値の定義 …………………… 51
　　4.3.3　レイアウトファイルについて ……………………………… 53
　　4.3.4　raw ディレクトリによるその他データ管理 …………… 54
4.4　AndroidManifest の解説 ……………………………………………… 54
4.5　プログラムの解説 ……………………………………………………… 54
　　4.5.1　SoundPool の用意 …………………………………………… 54
　　4.5.2　SoundPool における音声データの管理 ………………… 56
　　4.5.3　SoundPool を利用した音声データの再生 ……………… 57
　　4.5.4　AppCompatActivity の継承 ……………………………… 58
　　4.5.5　Activity のイベント ………………………………………… 59

| 4.5.6　タッチイベント ……………………………………………… 60
| 演　習　問　題 …………………………………………………………… 64

5．ボール転がしアプリを作る

5.1　サンプルアプリの確認 ……………………………………………… 65
5.2　リソースファイルの解説 …………………………………………… 65
5.3　AndroidManifest の解説 ………………………………………… 66
5.4　プログラムの解説 …………………………………………………… 68
| 5.4.1　暗黙的インテントの発行 ………………………………… 68
| 5.4.2　インテントの戻り値を受け取る ………………………… 72
| 5.4.3　Uri から InputStream を取得する ……………………… 75
| 5.4.4　画 像 読 込 み ……………………………………………… 77
| 5.4.5　画 像 の 加 工 ……………………………………………… 80
| 5.4.6　メニューの作成 …………………………………………… 82
| 5.4.7　セ ン サ の 利 用 …………………………………………… 84
| 5.4.8　SurfaceView の利用 ……………………………………… 87
| 5.4.9　Handler を用いたタイマー処理 ………………………… 89
演　習　問　題 …………………………………………………………… 93

6．ギャラリーアプリを作る

6.1　サンプルアプリの確認 ……………………………………………… 94
6.2　リソースファイルの解説 …………………………………………… 96
| 6.2.1　レイアウトファイルの複数管理 ………………………… 96
| 6.2.2　Android 標準以外の View を使用する ………………… 96
| 6.2.3　LinearLayout ……………………………………………… 97
6.3　AndroidManifest の解説 ………………………………………… 98
6.4　プログラムの解説 …………………………………………………… 99
| 6.4.1　ファイルへのデータ保存 ………………………………… 99
| 6.4.2　明示的インテントの発行 ………………………………… 102
| 6.4.3　Intent からの情報の読出し ……………………………… 105

6.4.4　プリファレンス……………………………………………………109
　　6.4.5　動的な画面生成……………………………………………………112
　　6.4.6　撮影データ選択時の処理…………………………………………121
演 習 問 題……………………………………………………………………122

7. シューティングゲームを作る

7.1　サンプルアプリの確認……………………………………………………123
7.2　リソースファイルの解説…………………………………………………123
　　7.2.1　解像度によらない画像リソース…………………………………123
　　7.2.2　レイアウトファイルなしのプログラム…………………………124
7.3　プログラムの解説…………………………………………………………124
　　7.3.1　ビューの継承………………………………………………………125
　　7.3.2　リソースからBitmapを生成する…………………………………138
　　7.3.3　アプリの終了を検知する…………………………………………139
　　7.3.4　戻るボタンのイベントをつかむ…………………………………140
7.4　メモリリークの調査………………………………………………………141
7.5　APKファイルの作成………………………………………………………143
　　7.5.1　APKファイルとは…………………………………………………143
　　7.5.2　作 成 手 順………………………………………………………143
演 習 問 題……………………………………………………………………145

付　　　　録

A.1　Android SDK API 紹介……………………………………………………146
A.2　用　語　集…………………………………………………………………153
引用・参考文献………………………………………………………………155
演習問題解答…………………………………………………………………156
索　　　　引…………………………………………………………………164

1 はじめに

まず本書の概要や対象者，および読者にあらかじめ用意してほしい開発環境を示しておく。

1.1 本書について

本書では，Androidアプリケーションの開発環境の構築，および基本的な開発方法を解説している。本書に掲載されている知識はAndroidの一部ではあるが，初めに必要となるだろう必要な知識は一通り解説しているため，Androidアプリケーション開発を初めて行う読者の足がかりとなることを期待している。

AndroidアプリケーションはいくつかのOSで開発できるようになっているが，本書は開発環境をWindows OSとした場合を例にして説明していく。

1.2 本書の対象者

本書はJavaの基本的な知識のある読者を対象として著されている。Java文法についての解説はほぼ省略されているため，Java未経験者においてはJavaに関する基礎知識を学習した後に本書を読み始めることをお勧めしたい。

1.3 本書の使用法

2章はAndroidの基礎知識からHello worldを動かすところまで解説する。3章以降はダウンロードしたサンプルプログラムを使いながらAndroidにおけるプログラミングを理解し，各章末の演習問題により理解を深めてほしい。なお，演習問題の解答例は巻末の演習問題解答に記載している。

1.4 推 奨 環 境

2016年6月23日現在，開発環境となるAndroid Studioの推奨環境は以下のとおりである（Windowsの場合[1][†1]）。
- Microsoft® Windows® 7/8/10（32-bit版または64-bit版）
- 2 GB以上のシステムメモリ（RAM），8 GB以上を推奨
- 2 GBの空き容量のあるハードディスク，4 GB以上を推奨
- 1 280 × 800以上の画面解像度
- Java Development Kit（JDK）8
- エミュレータ　アクセラレータ向け（任意）：Intel® VT-x, Intel® EM64T（Intel® 64），Execute Disable（XD）ビット機能対応のIntel® プロセッサ

ほかのOSの場合や，最新バージョンの推奨環境を確認する際はGoogle公式のWebページ（https://developer.android.com/intl/ja/sdk/index.html#Requirements）[†2]を確認してほしい。

[†1] 肩付き数字は，巻末の引用・参考文献番号を表す。
[†2] 本書で掲載したすべてのURLは，2016年6月現在。

1.5 開 発 環 境

- 推奨環境に示されている性能を持った PC
- データ通信可能な USB ケーブル
- Android 4.0 以降の Android 端末

1.6 サンプルのソースコードについて

本書に掲載されているサンプルアプリケーションのソースコードは，コロナ社の本書の紹介ページ（下記 URL）からダウンロードできる。
　　http://www.coronasha.co.jp/np/isbn/9784339028621

2 Android に触れる

本章では，Android の概要から実際にアプリを動かすところまで解説を行う。

2.1 Android とは

Android は Google によって開発された，スマートフォン・タブレット向けの OS である。同目的で使用されている OS として iOS が知られているが，この iOS との違いについて，相違点を**表 2.1** にまとめた。

表 2.1　Android と iOS の違い（2016 年 6 月現在）

	Android	iOS
開発環境（※）	Windows/MacOS X/Linux	MacOS X
開発者登録費用	初回 $25 USD	年間 11 800 円
開発言語	Java	Swift，Objective-C
公開までの時間	数時間	1 週間程度
端末メーカ	各メーカから発売	Apple からだけ発売

〔注〕　※ iOS アプリはサードパーティ製のツールにより MacOS 以外での開発も可能であるが，公開には MacOS が必須である。

まず Android の方が有利な点としては，開発環境の準備が容易であること，登録費用が初回の 1 回だけであること，開発言語が従来から使われている Java であること，公開にかかる時間が短時間であることなどが挙げられる。これらは初めてスマートフォンアプリの開発に取り組む技術者にとってはうれしい利点である。

iOS に軍配が上がる点としては，OS の搭載端末が Apple 製の端末に限られ

ていることだろう。アプリケーションのテストは本来全機種で行うべきであるが，Android は各メーカからさまざまな端末が発売されているためテストが難しく，リリース後に機種依存の不具合が発覚することも少なくない。それに対し iOS は端末数が少ないため，テスト環境の用意が容易に行えるという利点がある。

2.2 開発環境の構築

Android アプリケーションの開発には Google が公開している「Android Studio」を使用する。Android Studio は，下記 URL からダウンロードできる。
　　http://developer.android.com/intl/ja/sdk/index.html
図 2.1 の「DOWNLOAD」ボタンをクリックすると利用規約が表示されるため，同意にチェックを入れてダウンロードを開始する。

図 2.1　Android Studio のダウンロードページ

ファイルのダウンロードが完了したら，起動して（図 2.2 参照）インストールを開始する。

Android Studio に対応した Java が未インストールである場合や，Android Studio が Java を見つけられなかった場合は，図 2.3 の画面が表示される。

Java のインストールを行っていない場合は，画面中ほどに青文字で表示されている「jdk-7u67-windows-x64.exe」（利用 OS により表示は異なる）をク

図 2.2　Android Studio のインストール画面

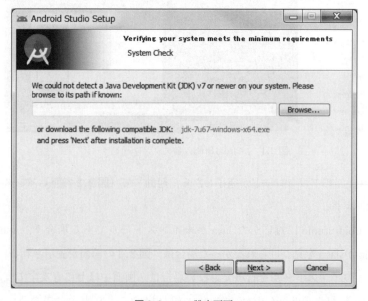

図 2.3　JDK 設定画面

リックし，Java のダウンロード，インストールを行う．インストールが完了したら，Next ボタンをクリックするとつぎの画面へ進むことができる．

すでに 1.7 以上の Java をインストールしている場合は「Browse...」ボタンをクリックして「C:/Program Files/Java/jdk1.8.0_31」などの Java がインストールされたパスを指定する．

その他の設定については，必要がなければ初期設定のままでよい．無事にインストールが完了すると図 2.4 の画面が表示され，Finish ボタンをクリックするとインストールが完了するとともに Android Studio が起動する．

図 2.4　インストール完了画面

2.3　プロジェクトを作る

まず Android アプリを作成する第一歩として，「Hello world」を作成する．早速，前章でインストールした Android Studio を使用してアプリの作成を進めていく．アプリは「プロジェクト」と呼ばれる単位で管理され，プロジェク

ト内にアプリを構成する情報が格納されることとなる．今回は「Hello world」アプリを用いてプロジェクトの作成から，アプリの起動確認までを解説する．

Android Studio の初回起動時は SDK のダウンロードが発生し，その後図 2.5 の画面が表示される．新規プロジェクトの作成は，画面右部の「Start a new Android Studio project」をクリックして開始する．

図 2.5　Android Studio セットアップ画面

新規プロジェクトの作成を開始すると，最初に図 2.6 の画面が表示される．「Application name」には作成するアプリの名前を入力する．アプリの名前は Android 端末にインストールした際にアイコンの下に表示される名前となるが，プロジェクト作成後も変更が可能なため仮の名前でもかまわない．今回は

コラム❶

Hello world とは，画面に「Hello, world !」などの言葉を表示するだけのプログラムのことであるが，プログラミングの世界においては開発環境のインストールが完了した後や，画面への出力方法を確認するための慣習となっているプログラムである．

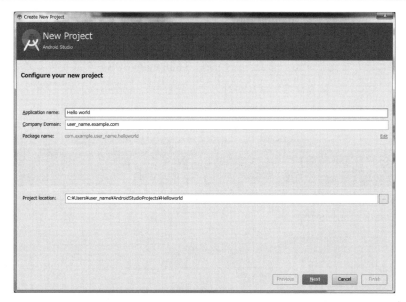

図 2.6　プロジェクト作成画面（1 ページ目）

「Hello world」とする。

　「Company Domain」には自分の所有するドメイン名を入力する。この項目は後述の「Package name」に使用されるものであるが，他人と重複しないような文字列が必要となる。ドメインを所有していない場合は，自分のニックネームを含めた仮のドメインを指定すればよいだろう。今回は初期設定の「ユーザ名.example.com」のままでよい。

　「Package name」は初期設定では変更不可となっており，ドメイン名を反対にしたものに，アプリ名を付加したものが使用される。この文字列はアプリの識別子となるため，ほかのアプリと重複しないユニークなものを指定する必要がある。右端の「Edit」をクリックすると編集可能となるが，今回は初期設定のままとする。

　「Project location」はプロジェクトを構成するファイルの保存先である。特に理由がなければ初期設定のままでよい。

　入力が完了したら，「Next」ボタンをクリックしてつぎへ進む。

つぎは，開発する Android アプリのターゲットを指定する（図 2.7 参照）。通常は「Phone and Tablet」でよいだろう。その他のターゲットについては，必要に応じて選択する。また，この際に「Minimum SDK」を設定する必要がある。ここで，開発するアプリが対応する最も古い Android のバージョンを選択する。

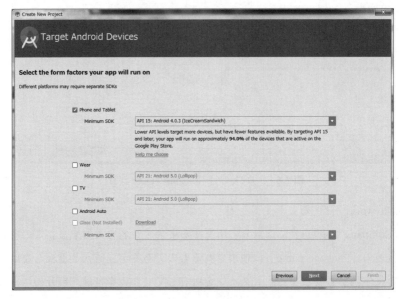

図 2.7　プロジェクト作成画面（2 ページ目）

もちろん API 1（Android 1.0）を選択するのが最もユーザに優しいのだが，古いバージョンでしか使えない API や，新しいバージョンでしか使えない API が存在するため，全バージョンに対応しようとするとプログラムの開発が非常に困難になる可能性がある。

Minimum SDK を選択すると，その下に選択した Android のバージョンのシェアが太字で表示されるため，開発のしやすさと現在のシェアを比較しつつ選択するとよい。本書は Android 4.0 以降を対象としているため，API 14 の選択を基本として進めていく。

続いて，最初に生成されるテンプレートを選択する（図 2.8 参照）。詳しい

2.3 プロジェクトを作る

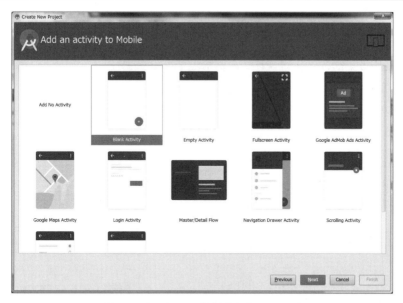

図2.8　プロジェクト作成画面（3ページ目）

　ことは後述するが，Androidの画面は「Activity」と呼ばれており，どのような画面構成のActivityをテンプレートとして使用するかが選択できる．今回は画面に「Hello World!」を表示したいだけなので，基本となる「Blank Activity」を選択する．興味があれば，本章終了後にほかのテンプレートを試してみるのもよいだろう．

　最後に，Activityの名称とレイアウトファイルの名称，タイトルに表示するテキストとメニュー項目の設定ファイル名を設定する（図2.9参照）．これらの設定項目については多少の知識が必要となるため，後の各章で説明する．今回はすべて初期設定とする．Finishボタンをクリックすると，プロジェクトの作成が完了となる．

　プロジェクトの作成が完了すると，図2.10の画面が表示される．Tipsが不要な場合は，「Show Tips on Startup」のチェックを外してからCloseボタンをクリックする．Tipsを閉じると，アプリの画面イメージが表示されていることがわかるだろう．

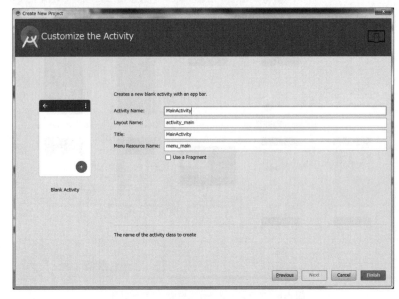

図 2.9 プロジェクト作成画面（4ページ目）

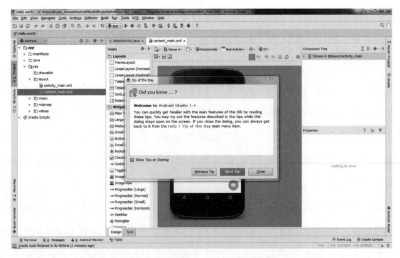

図 2.10 プロジェクト作成後画面

スマートフォンの画面イメージの左上に注目すると「Hello World !」が表示されているが，先ほど選択した「Blank Activity」のテンプレートではサンプルとして「Hello world !」と表示するプログラムが自動生成されているため，今回はプログラムの実装は不要である．

2.4 エミュレータでプロジェクトを実行する

つぎに，プロジェクトの実行方法を解説する．実行するには，画面上部にある緑色の Run ボタン（図 2.11 参照）をクリックする．また，実行のショートカットは「Shift+F10」となっている．実行は頻繁に行うため，覚えておくとよいだろう．

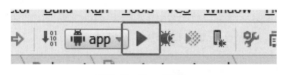

図 2.11　Run ボタン

Run ボタンをクリックするとビルドが行われ，図 2.12 のデバイス選択画面が表示される．ここで実際の Android 端末で動作確認を行うことも可能だが，まず初めにエミュレータを使用した方法を解説する．Launch emulator が選択されていることを確認し，「OK」ボタンをクリックする．

エミュレータの起動にはしばらく時間がかかるが，起動が完了すると図 2.13 のようなスマートフォンを模した画面が表示される．無事「Hello World !」と表示されていれば成功である．

確認後，エミュレータを閉じずにおくと Run ボタンをクリックした際に「Choose a running device」から起動済みのエミュレータで実行することができるため，頻繁に動作確認を行う場合はエミュレータを開いたままにしておくのがよいだろう．

また，デバイス選択画面で「Use same device for future launches」にチェッ

14   2. Androidに触れる

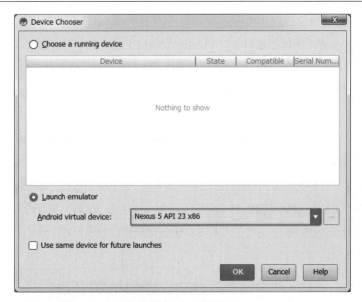

図 2.12　デバイス選択画面

図 2.13　エミュレータを起動した様子

クを入れて実行すると，次回からデバイス選択を省略することができる。その後にデバイスを変更したい場合は選択したデバイスを切断するか，Run ボタン

の左にある「app」と書かれたボタンから「Edit Configurations...」を開き，Target Device 内の「Use same device for future launches」を外せばよい．

2.5 Android 端末でプロジェクトを実行する

まず，エミュレータでもプログラムの動作確認を行うことができることを確認したが，残念ながらエミュレータでは加速度センサや複数点のタッチなど，テスト不可能な機能もいくつか存在する．そういった機能を利用したアプリのテストを行うには，Android 端末でのテストが必要となってくる．

Android 端末で動作を確認する場合は，Android 端末のほかにデータ通信可能な USB ケーブルが必要である．充電用の USB ケーブルでは Android 端末でプロジェクトを実行することはできないため，注意が必要である．USB ケーブルは家電量販店で市販されているので準備してほしい．

つぎに，Android 端末を PC に接続するために機種に応じたドライバを PC にインストールする必要がある．機種は多岐にわたるためドライバのインストール方法までは解説できないが，多くの場合は「機種名　ドライバ」のキーワードでインターネット検索するとメーカのドライバ配布ページや，ドライバインストール方法を解説した個人ブログなどを見つけることができるだろう．

最後に，Android 端末をデバッグ用端末として設定する必要があるのだが，Android のバージョンにより手順が異なる．Android 4.1 以前の場合はステップ 1，ステップ 2 は飛ばしてよい．

　　ステップ 1：Android 端末で「設定」の「端末情報」を開く．
　　ステップ 2：「ビルド番号」を 7 回タップして「あなたは今開発者になりました！」と表示されることを確認し，「設定」に戻る．
　　ステップ 3：「設定」の「開発者向けオプション」を開く．
　　ステップ 4：「スリープモードにしない」にチェックを入れる．
　　ステップ 5：「USB デバッグを ON にする」にチェックを入れる．

デバッグ用端末として設定が完了した Android 端末を PC に接続すると，

Android 4.2以降の端末では「USBデバッグを許可しますか？」と表示される。特に理由がなければ「このパソコンからのUSBデバッグを常に許可する」にチェックを入れ，OKボタンをタッチする。

　以上の操作が正しく完了していれば，Android StudioでRunボタンをクリックした際のデバイス選択画面で，接続した端末が表示されるようになるだろう。後は同様に，接続した端末を選択してOKボタンをクリックすればAndroid端末で動作確認を行うことができる。

3 数当てゲームを作る

本章では，以下の技術を解説する。
- Android アプリの基本構成
- 基本的ないくつかの View の紹介
- テストの方法

3.1 サンプルアプリの確認

　本章では，サンプルとして数当てゲームを使用する。まずはダウンロードしたサンプルプログラムをプロジェクトに読み込ませる手順を説明する。あらかじめ，「Sample1」を「全角文字をパスに含まない場所」にコピーしておいてほしい。Windows の場合，ユーザ名が全角でなければマイドキュメントやデスクトップなどにコピーすればよいだろう。

　Android Studio を起動すると，前回開いていたプロジェクトが開かれる。前章の直後ならば，Hello world のプロジェクトが読み込まれた状態となっているだろう。複数のプロジェクトを同時に開くこともできるが，今回はいったんプロジェクトを閉じてからほかのプロジェクトを開く手順を解説する。

　メニューバーの「File」から「Close Project」を選択し，プロジェクトを閉じると初期画面へ戻る。初期画面が開かれたら「Open an existing Android Studio project」を選択し，先ほどコピーした「Sample 1」を選択する。読込みが完了すると，再度 Android Studio の画面が立ち上がる。

　まずはサンプルがどのようなプログラムなのか確認するため，Run ボタンを

クリックしてアプリを起動してほしい。図 3.1 のような画面が表示されただろうか。

「数当てゲーム」の仕様は，以下のとおりである。

- 起動時に 1 〜 100 の正解値がランダムに選択され，正解値としてアプリ内部に保持される。
- 利用者が答えの入力欄に回答値を入力して「決定」ボタンをタッチすると，正解値と比較した正誤結果が表示される。
- 正解すると，正解値が再抽選される。
- 範囲を選択すると，正解値が再抽選される。

図 3.1　Sample 1 の実行画面

3.2　前　　準　　備

本題の前に，解説は行番号とともに行うため Android Studio に行番号を表示する設定を行う。図 3.2 を参考に，「File」→「Settings...」→「Editor」→「General」→「Appearance」から，「Show line numbers」にチェックを入れ，

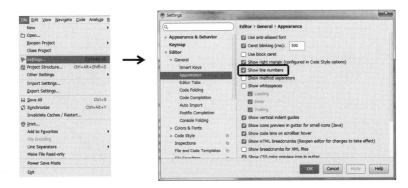

図 3.2 行番号の表示手順

OK ボタンをクリックする。これで行番号の表示が行われるようになる。

3.3 Android アプリの概要

まずは，Android アプリのプロジェクトがどのように構成されているか確認する。Android Studio 左端の「Project」をクリックすると，図 3.3 のようにプロジェクトのディレクトリ構成とファイル一覧を確認することができる。表 3.1

図 3.3 プロジェクトの構成

表 3.1 プロジェクトのディレクトリ構成

ディレクトリ	サブディレクトリ	内　容
manifests		アプリ概要の設定
java		プログラム
res	drawable	画像
	layout	レイアウト設定
	mipmap	アイコン
	values	数値や文字列の定義
Gradle Scripts		ビルド設定

にプロジェクトのディレクトリ構成を示す．各ディレクトリに格納されるファイルの詳細については，次節より順を追って解説する．

3.4 リソースファイルの解説

まずは，「res」ディレクトリ内の各ファイルについて解説する．

3.4.1 値の定義

最初に「values」ディレクトリについて解説する．values ディレクトリには文字列や数値などの値を定義するファイルが格納される．

今回，「dimens.xml」と「strings.xml」が 2 ファイルずつ用意されているが，どちらも「修飾子」による場合分けの違いである．Android Studio 上からでは実際の構造がわかりにくいため，「res」ディレクトリを右クリックし，「Show in Explorer（Mac の場合は Reveal in Finder）」でファイラを開く．すると，「values」，「values-en」，「values-w 820 dp」の 3 ディレクトリが見つかるだろう．

修飾子とは values の後についている「en」や「w 820 dp」のことで，en は「端末の言語設定が英語のとき」，w 820 dp は「端末の横幅が 820 dp 以上のとき」を示すものとなる．プログラム側で面倒を見なくとも端末の言語設定や端末のサイズによって定義ファイルを自動で切り替えることができるため，環境によって変化しうる値はプログラム中に定数を定義するのでなく修飾子を用い

3.4 リソースファイルの解説

た方法で定義するのがよいだろう。

また，この修飾子による区分は values ディレクトリだけでなく，リソースすべてに適用可能である。本書でも登場した修飾子については解説するが，修飾子の種類は非常に多いため，その他の修飾子については公式のドキュメント (http://developer.android.com/intl/ja/guide/topics/resources/providing-resources.html) を参考にしてほしい。

上記の修飾子を踏まえ，Android における値の定義方法について解説する。Android Studio に戻り，「dimens.xml」ファイルをダブルクリックして開いてほしい。XML 形式でリソースが定義されていることが確認できる。

```
<resources>
    <dimen name="activity_margin">16dp</dimen>
</resources>
```

どのリソースにおいても，ルート（最上位）は resources 要素となる。その下に，レイアウト上の大きさを定義する際は「dimen」要素，文字列を定義する場合は「string」要素，数値を定義する場合は「integer」要素，といったように定義したい値ごとに決められた要素を記述する。そして，要素の「name」プロパティで名前を決め，定義値を要素内に記述することでリソースの定義が行われる。

一つのリソースファイル内に複数の種類のリソースを定義することは可能だが，修飾子で場合分けすることを考えると，1 ファイルに数値や文字列を詰め込んだりせずに複数ファイルに分けて定義するのが妥当だろう。

今回 dimens.xml に定義されている「activity_margin」の「16 dp」だが，この値は画面端の余白に使用している。この定義値を「0 dp」にして実行してみると余白がなくなることが確認できるだろう。

単位の「dp」は Android 独自の単位であり，解像度を考慮したサイズ指定を行うことができる。単位には「px」を使用することもできるが，px を使用してしまうと解像度の異なる端末で表示サイズに差異が発生してしまうため，

特別な事情がない限り dp を使用するのがよいだろう．現在，スマートフォンは 320 〜 410 dp が横幅となっている．

つぎに，「dimens.xml（w 820 dp）」を確認するが，ここにも同名で値が定義されている．横幅が 820 dp を超える端末の場合はこの値を使用することとなる．値は「32 dp」が定義されており，スマートフォンに比べてさらに余裕を持たせた余白となることがわかる．

「strings.xml」についても同様である．アプリケーションに使用するテキストが定義されており，「strings.xml（en）」にはその翻訳されたテキストが定義されている．

ただし，strings.xml については Android Studio で編集するための画面が用意されており，strings.xml を開いた際の上部に表示される「Open editor」をクリックすると図 3.4 の Translations Editor を利用することができる．ただし，このエディタで入力しても XML 制御文字のエスケープを自動で行ったりはせず，また項目の削除などもできないため，あくまで補助として考えるのがよいだろう．

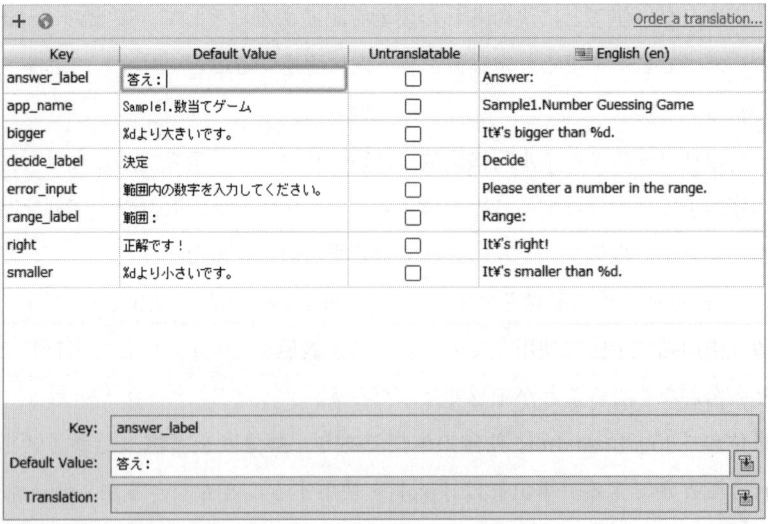

図 3.4　Translations Editor

3.4.2 レイアウトの定義

res/layout ディレクトリ内の「activity_main.xml」を基に，画面レイアウトの設定方法を解説する。「activity_main.xml」をダブルクリックすると図 3.5 の画面が開く。

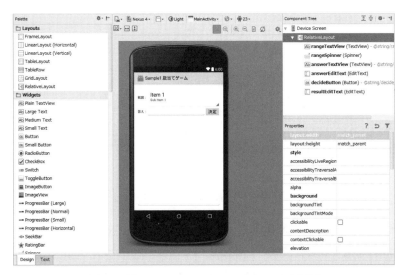

図 3.5 「activity_main.xml」のデザインモード画面

この画面でレイアウトの編集を行うことができ，左に表示されている「Palette（パレット）」から「要素」をドラッグ＆ドロップで画面中央の画面内に配置し，細かいパラメータを右下の「Properties（プロパティ，属性）」で設定することとなる。

このレイアウトは XML 形式で保存されているため，XML を直接編集することもできる。図 3.5 の左下に「Design」と「Text」というタブが見えるが，この「Text」をクリックすると，**図 3.6** の画面に切り替わる。

この XML を直接編集することでもレイアウトの編集が可能である。画面右端に「Preview」の項目があるが，これをクリックすると現在の XML で表現されるレイアウトを確認することができる。

編集はデザインモードの方が容易ではあるのだが，本書では各要素やプロパ

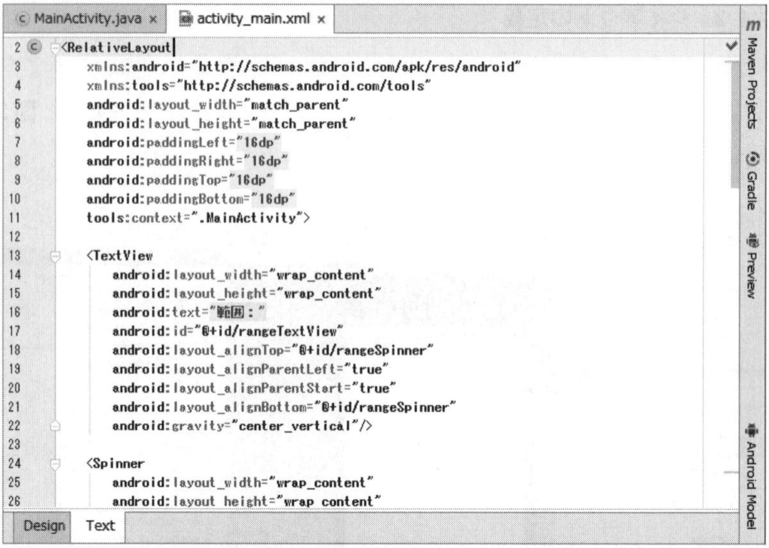
MainActivity.java ×
activity_main.xml ×
2 <RelativeLayout
3 xmlns:android="http://schemas.android.com/apk/res/android"
4 xmlns:tools="http://schemas.android.com/tools"
5 android:layout_width="match_parent"
6 android:layout_height="match_parent"
7 android:paddingLeft="16dp"
8 android:paddingRight="16dp"
9 android:paddingTop="16dp"
10 android:paddingBottom="16dp"
11 tools:context=".MainActivity">
12
13 <TextView
14 android:layout_width="wrap_content"
15 android:layout_height="wrap_content"
16 android:text="範囲："
17 android:id="@+id/rangeTextView"
18 android:layout_alignTop="@+id/rangeSpinner"
19 android:layout_alignParentLeft="true"
20 android:layout_alignParentStart="true"
21 android:layout_alignBottom="@+id/rangeSpinner"
22 android:gravity="center_vertical"/>
23
24 <Spinner
25 android:layout_width="wrap_content"
26 android:layout_height="wrap_content"
Design
Text
Maven Projects
Gradle
Preview
Android Model

図 3.6　「activity_main.xml」のテキストモード画面

ティ名がわかりやすい XML をベースに解説を行っていく。また，本書以外の Android に関する資料についても XML での解説が多いため，XML の方に慣れておくとよいだろう。実際の編集時はデザインモードとテキストモードを適宜切り替えながら作成するとよい。

それでは，今回のサンプルプログラムに使用されているレイアウトファイルの内容を解説していく。

○2～6行目「RelativeLayout」

子要素をレイアウトするための要素はいくつかあるが，RelativeLayout はその一つである。名前のとおり，子要素を相対的に配置していくレイアウト方法であるが，実際にどのようにレイアウトするかは子要素に記述されているため後述とし，まずはこの要素に設定されているプロパティについて解説する。

- xmlns:android="http://schemas.android.com/apk/res/android"

ルート（最上位）の要素に指定しなければならない，必須のプロパティである。各要素やプロパティを使用するために必要となる。Android Studio を通し

てレイアウトファイルを作成した場合は，初めからルートの要素に指定されているため，指定されている URL を覚える必要はない。

- android:layout_width="match_parent"
- android:layout_height="match_parent"

layout_width は横幅，layout_height は高さの指定で，すべての要素に必須のプロパティである。RelativeLayout はルートとなる要素であるため画面いっぱいのサイズを指定する必要があり，その際に用いるのが「match_parent」である。match_parent は親要素のサイズに合わせるといった意味で，ルート要素に指定した場合はアプリの表示領域に合わせることとなる。

- android:padding="16 dp"（@dimen/activity_horizontal_margin）

padding は内側の余白となる設定である。最もルートの要素に指定しておくことで，画面端に余白を作成して見やすくすることができる。

また，この「16 dp」という文字にマウスオーバしたり，クリックしたりすると「@dimen/activity_horizontal_margin」というテキストが確認できるが，これが本来の値である。これは values で定義した「dimen」の「activity_horizontal_margin」を参照する設定である。名前をレイアウトに指定すると，その値を表示するようになっている。

○ 8 〜 17 行目「TextView」

TextView はテキストを表示するための要素である。今回，この TextView は画面左上の「範囲 :」と書かれているテキストの部分である。

- android:layout_width="wrap_content"
- android:layout_height="wrap_content"

サイズの指定だが，「wrap_content」は固定されたサイズに規定せず，内容やその他のレイアウト設定に合わせて柔軟に変化する設定となる。

- android:text=" 範囲 : "（@string/range_label）

表示テキストの設定である。これも先ほどの「16 dp」の場合と同じく，クリックすると定義名は別の場所に定義されている。

- android:id="@+id/rangeTextView"

この要素に識別子を設定する。この識別子は，プログラム内で要素を操作する場合に使うほか，このレイアウトファイル内で参照するためにも使用する。ID の参照は「@id/ID 名」でもよいのだが，この時点では ID は定義されていないため使用することはできない。「@+id/ID 名」を指定することにより ID の定義をしつつ，その値をこの要素の ID とすることができる。

- android:layout_alignTop="@+id/rangeSpinner"
- android:layout_alignBottom="@+id/rangeSpinner"

この要素をどこに配置するかの設定である。「layout_alignTop」は要素の上端をほかのどの要素に合わせるかの設定となる。rangeSpinner はつぎに定義されている要素だが，範囲選択のスピナー（ドロップダウンリスト）を指している。また，同様に「layout_alignBottom」は下端の設定となり，これも同じスピナーを指している。つまり，この TextView はスピナーと同じ高さを持つこととなる。

- android:layout_alignParentLeft="true"
- android:layout_alignParentStart="true"

「layout_alignParentLeft」のプロパティに true を設定すると，親要素の左に合わせるという設定となる。また，「layout_alignParentStart」は多くの国では同じく親要素の左に合わせる設定となるが，Android 端末の言語設定が右から書く言語となっている場合は，左ではなく右に合わせるという設定である。

以上の説明では「layout_alignParentLeft」は不要に聞こえるかと思うが，「layout_alignParentStart」が追加されたのは API レベル 17（Android 4.2）からであり，それ以前の端末に対応する場合は両方指定しておく必要がある。「layout_alignParentStart」を省略して「layout_alignParentLeft」だけを利用する方法もあるが，これも警告が表示されてしまうためお勧めはできない。

- android:gravity="center_vertical"

文字列をこの TextView 内のどこに配置するかを指定する。初期設定は左上だが，水平方向の配置は「left」，「center_horizontal」，「right」，「start」，「end」のいずれかを指定し，垂直方向の配置は「top」，「center_vertical」，「right」の

いずれかを指定する。水平方向と垂直方向の値を両方指定する場合は，「|」で区切って指定する。

　水平，垂直ともに中央にしたい場合は，「center_horizontal | center_vertical」でもよいが，「center」を使用することもできる。

○19〜27行目「Spinner」

　Spinnerは規定の項目から値を一つ選択するためのViewである。ドロップダウンリストやコンボボックスとも呼ばれる。今回はランダムに選ばれる値の範囲を選択するために使用している。すでに解説したプロパティについては省略し，新しいプロパティについてだけ解説する。

- android:layout_alignParentTop="true"
- android:layout_alignParentRight="true"
- android:layout_alignParentEnd="true"

　これらはlayout_alignParentLeftと同様に，要素を親要素の端に合わせるという意味となる。layout_alignParentTopとlayout_alignParentRightはその名のとおりそれぞれ上端と右端に合わせる設定となる。layout_alignParentEndはlayout_alignParentStartと対になるもので，日本語や英語の場合は右端に合わせる設定となるが，Android端末の言語設定によっては左端に合わせる設定となる。

- android:layout_toRightOf="@+id/rangeTextView"
- android:layout_toEndOf="@+id/rangeTextView"

　「android:layout_toRightOf」は，指定した要素の右にこの要素を配置するプロパティである。この場合は，rangeTextViewの右に配置したい，という意味になる。「android:layout_toEndOf」も同様の動作だが前述のものと同じく，Android端末の言語設定に依存した配置となる。

○29〜38行目「TextView」

　次行の「答え：」と書かれたテキストを表す。

○40〜51行目「EditText」

　ユーザに値を入力させるための要素である。本サンプルアプリでは答えの入

力欄として使用している。

- android:inputType="number"

この入力欄が数値専用であることを示す。これが指定されていると，数値以外の入力はできなくなる。ほかにも，「date」や「phone」などの値を指定することができる。指定可能な値は公式ドキュメントなどでも確認できるが，「inputType="」の後にカーソルを合わせて「Ctrl+Space」のコード補完機能を使用することでも一覧を確認することができる。

- android:layout_below="@+id/rangeSpinner"

この要素をどの要素の下に配置するか指定する。この場合は，rangeSpinnerの下にこの要素を配置する設定となる。

- android:layout_toLeftOf="@+id/answerButton"
- android:layout_toStartOf="@+id/answerButton"

layout_toRightOf，layout_toEndOf と対になる指定である。「answerButton（決定ボタン）」の左（Android 端末の言語設定により右）に配置することを示す。

- android:imeOptions="actionGo"

入力完了後にどういった動作をさせたいか指定する。この場合は，キーボード最右下のボタンが「実行」となる。検索フォームの場合は「actionSearch」を指定したり，送信ボックスの場合は「actionSend」を指定したりする。これも inputType と同じく，どういった値が指定できるかは Ctrl+Space で確認できる。

○53〜61行目「Button」

その名のとおり，ボタン要素である。タッチ時に色が変化すること以外は TextView とほぼ同様である。

○63〜74行目「EditText」

最後に，ログ表示用の EditText である。

- android:inputType="textMultiLine"

複数行を扱うことができる入力方式を設定する。

- android:gravity="start|top"

EditTextでのテキストの初期設定は左寄せの上下中央揃えとなっているため，左上に寄せる。ORで接続したときには裏でビット演算が行われており，startにはleftのビットが含まれているため，gravityでstartを指定する際は，leftを併せて指定する必要はない。

3.4.3 アイコンファイルの定義

つぎにアプリの顔となるアイコンの画像ファイルについて解説する。本サンプルアプリでは，「drawable/mipmap」の「ic_launcher.png」がアプリのアイコンとなる。アイコンとして使用する画像名は変更することもできるが，別なファイルとなるため後述する。

ファイル側で留意したいのは，図3.7のように「解像度ごとにアイコンを用意すること」である。一つだけでも公開はできるが，低解像度のアイコンだけだと高解像度の端末で粗く見え，高解像度のアイコンでは低解像度の端末に無駄なメモリ消費を負わせることとなってしまう。

図3.7 複数の「ic_launcher.png」

アイコンを各解像度に適用する方法については，前述の修飾子を用いる。「res」ディレクトリを右クリックし，「Show in Explorer（Macの場合はReveal in Finder）」でファイラを開き，各「mipmap-***」ディレクトリに格納するのが最もやりやすいだろう。各端末解像度に対応するアイコン解像度を表3.2

表 3.2 端末解像度一覧

端末解像度	アイコン解像度〔px〕
ldpi	36 × 36
mdpi	48 × 48
hdpi	72 × 72
xhdpi	96 × 96
xxhdpi	144 × 144
xxxhdpi	192 × 192

にまとめた。

サンプルには「mipmap-ldpi」が存在しないが，これは現行の Android Studio の仕様に合わせてある。これは最も低解像度である ldpi の端末のシェアはほぼ 0% となっているためである。

3.5 AndroidManifest の解説

Android アプリの概要を定義する「AndroidManifest.xml」について解説する。「AndroidManifest.xml」は，「manifests」ディレクトリ内に保存されている。

○ AndroidManifest.xml - 1 行目

1 行目はこのマニフェストファイルが XML であることを示す行である。初期設定の AndroidManifest.xml に存在するため，そのままでよい。

○ AndroidManifest.xml - 2 〜 4 行目

ルートには manifest 要素を使用する。これも初期状態のままで作成されているため通常は変更する必要はないが，package プロパティだけ後から変更した際に修正が必要となる場合がある。

○ AndroidManifest.xml - 6 〜 11 行目

application 要素によるアプリケーションの設定を行う。

- android:allowBackup="false"

  Google クラウドへのデータバックアップをサポートするかどうか指定する。

- android:icon="@mipmap/ic_launcher"
  アプリケーションのアイコンを指定する。リソースを参照している。
- android:label="@string/app_name"
  アプリケーションの名前を指定する。リソースを参照している。
- android:supportRtl="true"
  RTL レイアウト（右からのレイアウト）をサポートするかどうか指定する。supportRtl が false の場合は，3.4.2 項で説明した「Start」や「End」が反映されない。
- android:theme="@android:style/Theme.Holo.Light"
  文字色や背景色に影響するデザインのテーマを指定する。これもリソースの参照だが，今回は android 標準で用意されている「Theme.Holo.Light」を使用する。

○ AndroidManifest.xml - 13 〜 15 行目

Android では画面のことを「Activity」という単位で呼び，このアプリで使用される Activity を定義する。

- android:name=".MainActivity"
  Activity となるクラス名を指定する。manifest 要素の package に指定されたパッケージに属するクラスであれば，相対パスで記述することができる。
- android:windowSoftInputMode="adjustResize"
  ソフトウェアキーボードが表示されたときの動作を定義する。何も指定しない場合は画面を覆うようにソフトウェアキーボードが表示されるが，今回はログが隠れるのを防ぐため，ソフトウェアキーボードの分だけ画面がリサイズされたものとして扱う設定とする。

○ AndroidManifest.xml - 17 〜 20 行目

intent-filter 要素内に，action 要素と category 要素を定義している。

- <action android:name="android.intent.action.MAIN" />
  この Activity が初期画面であることを示す。

- <category android:name="android.intent.category.LAUNCHER" />

この Activity がアプリ一覧に表示されるものであることを示す。

上記の action と category が設定された Activity はアプリ内に通常一つだけ存在する。

3.6 プログラムの解説

プログラムは「java/biz.answerlead.sample1」ディレクトリに作成した。今回は「MainActivity.java」と「Range.java」となる。なお,「Range.java」については Android の要素はない補助のクラスであるため詳細な解説は省略し, おもに「MainActivity.java」を解説する。

3.6.1 Activity クラスの継承

○ MainActivity.java - 18 行目

```
public class MainActivity extends Activity implements
AdapterView.OnItemSelectedListener, View.OnClickListener,
TextView.OnEditorActionListener
```

画面を担当するクラスは, Activity クラスを継承する必要がある。また, 本サンプルアプリではイベントを使用するため, いくつかのインタフェースを実装している。

3.6.2 初期化処理

Activity クラスには, さまざまな契機を基に呼び出されるメソッドがいくつか存在し, 画面表示時の最初に呼ばれるメソッドは 43 行目の onCreate メソッドとなる。各種初期化処理は, この onCreate メソッドをオーバライドし, 処理を実装して (図 3.8 参照) 行うこととなる。

3.6 プログラムの解説

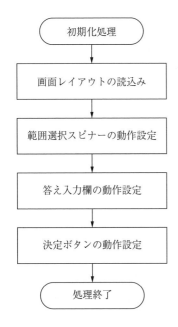

図 3.8 onCreate メソッドのフローチャート

○ MainActivity.java - 46 行目

```
Log.d(TAG, "onCreate");
```

デバッグログを表示する。ログの出力には本文のほかにタグを指定する必要がある。今回はあらかじめタグを定数「TAG」として定義して使用している。デバッグログは，Android Studio 下端に「Android Monitor」と書かれた箇所があるため，それをクリックすると図 3.9 のようにデバッグログを確認することができる。

また，ログが多すぎて必要な情報が確認できないときは，虫眼鏡アイコンの付いた入力欄にタグや表示内容の一部を入力すると，フィルタをかけることができる。

図 3.9　デバッグログ

○ MainActivity.java - 49 行目

```
super.onCreate(savedInstanceState);
```

継承元である Activity の onCreate メソッドを呼ぶ。このメソッドを呼んだ後でないと画面操作関連のメソッドはほぼ使用できないため，初めに呼んでおく。

○ MainActivity.java - 52 行目

```
setContentView(R.layout.activity_main);
```

レイアウトのリソースを読み込んで画面に反映するメソッドである。プログラム中でリソースを参照する場合は自動で作成される R クラスに定義されているリソース ID を使用する。

○ MainActivity.java - 55 〜 59 行目

```
ArrayAdapter<Range> adapter = new ArrayAdapter<>(
    this,
    android.R.layout.simple_spinner_dropdown_item,
    RANGES
);
```

ArrayAdapter を使用して範囲の選択項目を用意する。選択項目に使用するクラスはジェネリクスを使用して指定する。画面上は，toString メソッドの結

果が表示テキストとなる。今回は自作の Range クラスを指定する。Range クラスは最小値と最大値を持ち，toString メソッドは「最小値〜最大値」を返却するよう定義してある。

引数の定義は以下のとおりである。

- 第 1 引数
  選択項目を表示する画面（Activity）を指定する。
- 第 2 引数
  選択項目のデザインを定義したリソースを指定する。通常は Android 標準で用意されているものを使用するが，自分でデザインしたレイアウトファイルを使用することも可能。
- 第 3 引数
  選択項目の配列。今回は定数で定義した Range クラスの配列を与える。RANGES は 24 行目に定義されているが，利用している箇所から定義までジャンプしたい場合は要素にカーソルが合った状態で Ctrl+B を使用するか，その要素に Ctrl+ クリックするとよい。

○ MainActivity.java - 62 行目

```
range_spinner = (Spinner) findViewById(R.id.rangeSpinner);
```

activity_main.xml に設定した「Spinner」をインスタンスとして取得する。レイアウトを構成する要素はすべて「View」というクラスを継承しており，各 View は findViewById メソッドに ID を渡すことによって取得できる。ただし，戻り値が View クラスとなっているため目的の型にキャストして使用する。ここで誤った型にキャストしようとすると，例外が発生するため注意したい。

○ MainActivity.java - 65 行目

```
range_spinner.setAdapter(adapter);
```

62 行目で取得した Spinner のインスタンスに 55 行目で作成したアダプタを設定する。これにより，Spinner に選択項目の一覧が反映される。

○ MainActivity.java - 68 行目

```
range_spinner.setOnItemSelectedListener(this);
```

選択項目が変化した際のイベントを設定する。引数には AdapterView.OnItemSelectedListener インタフェースを実装したクラスを指定するが，今回は MainActivity 自身が実装しているため this を指定している。

○ MainActivity.java - 71 〜 72 行目

```
answer_edit_text = (EditText) findViewById(R.id.answerEditText);
answer_edit_text.setOnEditorActionListener(this);
```

先ほどと同じく findViewById を使用して答えの入力欄のインスタンスを取得する。そして，setOnEditorActionListener でソフトウェアキーボードの「実行」ボタンがタッチされた際のイベントを設定する。引数には TextView.OnEditorActionListener インタフェースを実装したクラスを指定する。

○ MainActivity.java - 75 〜 76 行目

```
answer_button = (Button) findViewById(R.id.answerButton);
answer_button.setOnClickListener(this);
```

決定ボタンのインスタンスを取得し，ボタンが押された際のイベントを設定する。イベントの設定には View.OnClickListener インタフェースを実装したクラスを指定する。

3.6.3 スピナー選択イベント

○ MainActivity.java - 80 行目

```
public void onItemSelected(AdapterView<?> parent, View view, int position, long id)
```

AdapterView.OnItemSelectedListener インタフェースのメソッドで，選択項目が変化した際に呼ばれるメソッドである。このイベントを作成したのは正解値を再抽選することが目的だが，画面表示時にも 1 回呼ばれるため起動時の正

解値を決めるためにも使用されている。

このメソッドに実装している処理の概要は，**図 3.10** のとおりである。

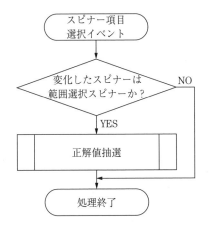

図 3.10 onItemSelected メソッドのフローチャート

○ MainActivity.java - 86 〜 94 行目（抜粋）

```
switch (parent.getId()) { ~ }
```

引数の parent に発生元の View が渡されてくるため，その ID を取得して範囲選択スピナーかどうか判定する。今回はスピナーが一つしかないため判定は不要なのだが，複数存在する場合はこのように ID によって分岐させる。

今回は変化時に chooseValue メソッドを呼び，正解値の再抽選を行っている。

○ MainActivity.java - 98 行目

```
public void onNothingSelected(AdapterView<?> parent)
```

項目選択時，選択項目がなくなった際に発生するメソッドである。Spinner では発生し得ないが，同じように AdapterView.OnItemSelectedListener インタフェースを使用している ListView などでは発生する場合がある。

3.6.4 正解値抽選メソッド

○ MainActivity.java - 103 行目

```
public void chooseValue()
```

正解値を再抽選するメソッドを定義する (**図 3.11** 参照)。

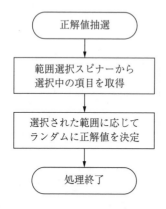

図 3.11 chooseValue メソッドのフローチャート

○ MainActivity.java - 106 行目

```
Range range = (Range) range_spinner.getSelectedItem();
```

onCreate で取得しておいた range_spinner から，現在選択中の項目を取得する。結果は Object 型で返ってくるため，適切なクラスにキャストして使用する。

○ MainActivity.java - 109 行目

```
right_value = range.getRandomValue();
```

正解値を決定する。Range クラスに作成しておいたランダムに値を返すメソッドを呼び，right_value に保持する。

3.6.5 クリックイベント

○ MainActivity.java - 112 〜 113 行目

```
@Override
public void onClick(View v)
```

View.OnClickListener インタフェースのメソッドであり，View がタッチされた際に呼ばれるイベントである．実装内容は**図 3.12** のとおりである．

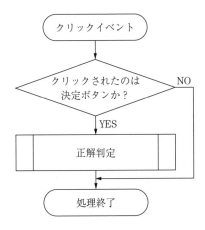

図 3.12 onClick メソッドのフローチャート

○ MainActivity.java - 119 〜 127 行目（抜粋）

```
switch (v.getId()){ 〜 }
```

onItemSelected の場合と同じく，ID による分岐を行う．決定ボタンであることを確認し，正解判定の answerCheck メソッドを呼ぶ．

3.6.6 入力欄イベント

○ MainActivity.java – 130 〜 131 行目

```
@Override
public boolean onEditorAction(TextView v, int actionId, KeyEvent event)
```

TextView.OnEditorActionListener インタフェースのメソッドであり，EditText に何らかのアクションが発生した際に呼ばれるイベントである（**図 3.13** 参照）．

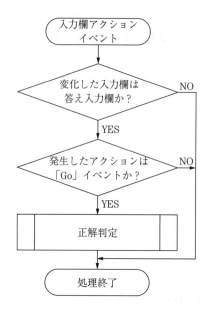

図 3.13　onEditorAction メソッドのフローチャート

○ MainActivity.java - 137 〜 152 行目（抜粋）

```
switch (v.getId()){ 〜 }
```

ID による分岐と，アクションが「実行」ボタンによるものか否かの判定を行う．答え入力欄からの「実行」アクションであれば，正解判定の answerCheck メソッドを呼ぶ．

また，初期設定の動作をキャンセルする場合は戻り値として true を返却する．EditText の場合，初期設定ではつぎの EditText にフォーカスが移動してしまうため，今回は true を指定している．

3.6.7　正　解　判　定

○ MainActivity.java - 157 行目

```
private void answerCheck()
```

正解判定メソッドを定義する（**図 3.14** 参照）。

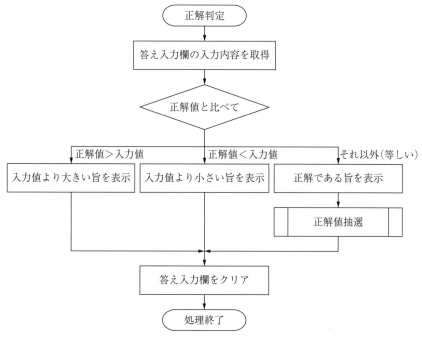

図 3.14 answerCheck メソッドのフローチャート

○ MainActivity.java - 160 行目

```
String input_text = answer_edit_text.getText().toString();
```

入力値の取得は EditText の getText メソッドを使用して入力情報を管理する Editable を取得し，その Editable に toString を実行すると入力値を得ることができる。

○ MainActivity.java - 163 〜 194 行目（抜粋）

入力値に応じて表示するメッセージを決定する。

```
getString(R.string.bigger)
```

getString にリソース ID を指定することにより，定義された文字列を取得す

ることができる。

○ 197 〜 200 行目（抜粋）

```
EditText result_edit_text = (EditText) findViewById (R.id.resultEditText);
Editable text = result_edit_text.getText();
```

結果表示欄のインスタンスを取得し，さらにそこから Editable を取得する。

○ MainActivity.java - 203 〜 208 行目（抜粋）

```
text.append(result);
```

Editable は append メソッドを持っており，文字列を結合することができる。テキストがすでに存在する場合は改行を結合し，つぎの行に結果が表示されるようにしている。

○ MainActivity.java - 211 行目

```
result_edit_text.setSelection(text.length());
```

setSelection は指定した位置にカーソルを移動するメソッドである。カーソル位置を末端に指定することで，EditText を最後までスクロールさせることができる。また，フォーカスの移動は行われないため，入力欄にフォーカスが合ったまま実行することができる。

○ MainActivity.java - 214 行目

```
answer_edit_text.setText("");
```

最後に入力欄に EditText の setText メソッドを使用することにより，入力内容を空にする。

数当てゲームの解説は以上となる。一つ目のサンプルということもあり，新しい要素ばかりで難しいと思われた読者も多いことだろう。より理解を深めるため，次節のデバッグツールを使用しながら，章末の演習問題にも挑戦してほしい。

3.7 デバッグツール

Androidアプリに限らず，開発にデバッグ作業は必要不可欠である。デバッグは一般的にログ出力による確認と，ステップ実行による確認により行われるが，ログ出力は3.6.2項で説明したとおりである。本節では，Android Studioによるステップ実行の手順を解説する。

まずはブレークポイントの設定方法を解説する。ブレークポイントの設定と解除は，行番号右の空白部分をクリックすることで行う。図3.15にブレークポイントが設定された状態を示す。ブレークポイントが設定された行には赤い丸が表示されるので，この赤い丸をもう一度クリックするとブレークポイントを解除することができる。

図3.15　47行目にブレークポイントが設定された状態

設定されたブレークポイントは通常の実行には影響しない。ブレークポイントを反映させるためには，「デバッグ」実行を行う必要がある。デバッグボタンはRunボタンの右にある（図3.16参照）。また，デバッグ実行にもショートカットがあり，初期設定では「Shift+F9」となっている。

図3.16　デバッグボタン

デバッグ実行を行うと，ブレークポイントを設定した箇所でプログラムが停止することがわかるだろう。停止後はステップオーバ（F8），ステップイン（F7），ステップアウト（Shift+F8），再開（F9）などで動作を確認していく。ほかにもメニューバーの「Run」下に便利なコマンドが存在するため，適宜使い分けていくとよいだろう。

演 習 問 題

本章で作った数当てゲームの正解の範囲選択を，SpinnerではなくEditTextを二つ用いた範囲指定に変更せよ。

ヒント：RelativeLayoutの中にRelativeLayoutを入れることも可能である。

4 ドラムアプリを作る

本章では，以下の技術を解説する。

- タッチイベント
- 画像の扱いについて
- 音の扱いについて

4.1 サンプルアプリの確認

まずは前章と同じくサンプルプログラムを読み込み，動作を確認してほしい。今回のサンプルアプリは，「Sample 2」である。実行すると，**図 4.1** の画面が表示されるはずである。

このサンプルアプリでは話を簡単にするため，上からシンバル，ハイタム，

図 4.1 Sample 2 の実行画面

ロータム,バスドラムの4音だけを実装している。

4.2 ビルド設定について

前章では初回のサンプルアプリであったため説明を省略したが,本章でビルド設定の方法について触れておきたいと思う。

4.2.1 build.gradle とは

ビルド設定は「build.gradle（Module：モジュール名）」で行う。プロジェクト内には複数のモジュール（アプリ,ライブラリ）を含めることができるため,全モジュールに適用するためのプロジェクト単位での設定も「build.gradle（Project：プロジェクト名）」として存在する。

大きなプロジェクトにならない限りはモジュール単位での設定で十分なため,通常は「build.gradle（Module: app）」(**図 4.2** 参照）を編集してビルド設

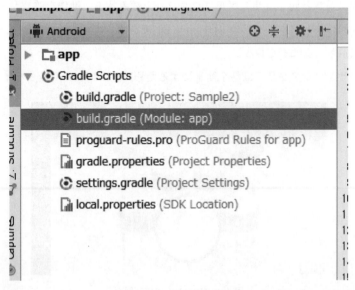

図 4.2 モジュール「app」のビルド設定「build.gradle」を選択している状態

定を行う。

「build.gradle（Module: app）」を開くとあまり見慣れない書式で設定が書かれているが，これは Groovy というプログラミング言語で記述されている設定ファイルである。この状態でもさまざまな文法が詰め込まれているのだが，基本的な設定を行うだけであれば値の書換えなどで済むため，Groovy を知らなくてもある程度は編集できるだろう。

4.2.2 build.gradle の構成

build.gradle の内容を順に確認していく。

- モジュールがアプリケーションかライブラリかどうか。

```
apply plugin: 'com.android.application'
```

1行目に，このモジュールがアプリケーションなのかライブラリなのかによって適用するプラグインを決定する。ライブラリの場合は，「com.android.library」を指定する。

- Android のコンパイル SDK

```
compileSdkVersion 23
buildToolsVersion "23.0.2"
```

コンパイルに使用する SDK バージョンを指定する。基本的にはインストール済みの最新 SDK が望ましい。なお，SDK の更新は図 4.3 の SDK Manager ボタンをクリックして，インストールしたい SDK にチェックを入れて Apply ボタンをクリックするとインストールすることができる。

図 4.3 SDK Manager ボタン

- アプリの公開情報

```
defaultConfig {
    applicationId "biz.answerlead.sample2"
    minSdkVersion 16
    targetSdkVersion 23
    versionCode 1
    versionName "1.0"
}
```

defaultConfig 内に，アプリの公開情報を設定する。アプリの識別子となる「applicationId」，サポートする最も古いバージョンの「minSdkVersion」，現時点で確認している最新バージョンの「targetSdkVersion」，アプリのバージョンを示す「versionCode」，ユーザに表示するバージョンの「versionName」の5項目から成っている。

- ビルドの設定

```
buildTypes {
    release {
        minifyEnabled false
        proguardFiles
            getDefaultProguardFile('proguard-android.txt'),
            'proguard-rules.pro'
    }
}
```

ビルドの設定は buildTypes に記述する。release と同レベルに debug の設定も可能だが，初期設定は release だけとなっている。minifyEnabled は未使用のリソースを削除するなどのアプリ容量の削減を行うオプションである。初期設定では false となっている。proguardFiles は難読化の設定である。これは初期設定されている内容から変えることはないだろう。

- ライブラリの設定

```
dependencies {
```

4.2 ビルド設定について

```
    compile fileTree(include: ['*.jar'], dir: 'libs')
    testCompile 'junit:junit:4.12'
    compile 'com.android.support:appcompat-v7:23.1.1'
}
```

読み込むライブラリは dependencies に記述されている。初期設定でいくつか設定されているが，1行目の「compile fileTree〜」は，libs ディレクトリに格納された jar ファイルを読み込むという設定である。

libs ディレクトリは初期設定では表示されていないため，図4.4 のようにプロジェクトの左上に表示されている「Android」をクリックして「Project」に切り替え，app/libs ディレクトリに jar ファイルを貼り付け，もしくはドラッグ＆ドロップして追加することができる。

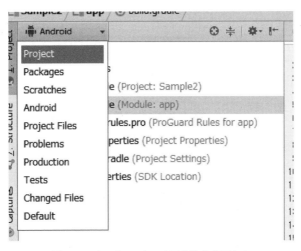

図 4.4 プロジェクトの表示方法を変更する

2行目の testCompile はテスト時にだけ使用する設定である。初期設定では，Java の単体テストに使用される JUnit が読み込まれるようになっている。また，3行目は Android SDK に用意されている「v7 appcompat library」を読み込む設定となる。Android SDK に用意されたライブラリのほか，Maven Central Repository などに公開されているライブラリも同じように読み込むこ

4.2.3 build.gradle を GUI で編集する

さて，ここまで gradle ファイルをテキストベースで確認してきたが，じつは Android Studio にはこれを GUI ベースで編集する機能がある。「app」ディレクトリを右クリックして，「Open Module Settings」を開くと前項で確認した内容が GUI ベースで編集できることがわかるだろう（図 4.5 参照）。

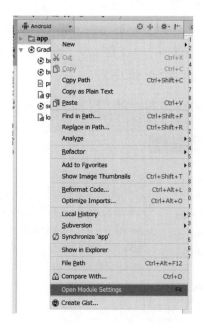

図 4.5 モジュールの設定を開く

特に，読み込むライブラリの管理は GUI ベースの方が楽だろう。図 4.6 のとおり，「Dependencies」タブを開いて「＋」ボタンをクリックするとライブラリの追加を行うことができるが，このとき「Library dependency」の Maven Central Repository からライブラリを検索することもできる。ライブラリ名さえわかれば，グループ ID や最新バージョンを調べる手間を省くことができる。

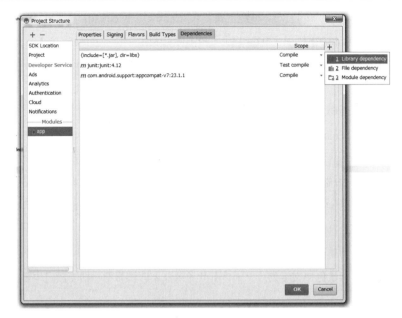

図 4.6　Dependencies の設定

4.3　リソースファイルの解説

4.3.1　画像の管理

今回のサンプルアプリでは，前回は利用しなかった「drawable」が登場する。drawable は画像を管理するディレクトリであり，これも修飾子によって端末ごとに異なったファイルを参照させることができる。今回は，端末解像度ごとに異なる画像サイズの「drum.png」を格納している。

4.3.2　values ディレクトリによる値の定義

このサンプルアプリでは，values ディレクトリの内容は strings.xml 以外，プロジェクト作成時の初期設定のまま手を加えていない。今回は，この初期設定で生成される各設定について解説する。

まず,「dimens.xml」が2種類定義されている。「(w 820 dp)」と表示されている方は,端末の横幅が820 dp以上となる際に利用されるdimens.xmlとなる。この中には「activity_horizontal_margin」と「activity_vertical_margin」が定義されているが,この値は後に解説するレイアウトファイルで使用されており,それぞれ画面の左右,上下の余白サイズとなっている。

つぎに,「colors.xml」についてだが,このファイルは名前のとおり色の定義を行っている。定義方法はほかのxmlファイルと同じように行うことができ,「#」の後に16進数6桁,もしくは16進数3桁でカラーコードを設定する。

最後に,「styles.xml」について解説する。styles.xmlではおもに見た目の定義を行うが,ほかの定義とは定義方法が少々異なっている。

前章でも簡単に説明したが,Activityには「テーマ」を設定することができ,これにより背景色や文字色,フォントサイズなどの情報を一括で設定することが可能となる。

今回styles.xmlに定義されているのは,この「テーマ」についての情報で,「Theme.AppCompat.Light.DarkActionBar」をベースとして「AppTheme」という名前の新しいテーマを定義している。ベースとなったテーマから変更している項目は**表4.1**の3項目である。

表4.1 Sample 2で変更しているテーマの属性値

属性名	設定内容
colorPrimary	アクションバーの背景色(今回はプロジェクト作成時にBlank Activityを選択したため,アクションバーは存在しない)
colorPrimaryDark	ステータスバーの背景色
colorAccent	チェックボックスのチェックマークなどに使用される色

残念ながら,設定可能な属性についてのドキュメントは公式では用意されていないようである。属性名の一覧は,ソース (https://android.googlesource.com/platform/frameworks/base/+/refs/heads/master/core/res/res/values/themes.xml) から確認できる。変更したい箇所がある場合は,各項目が何を担当しているのか調べる必要がある。

4.3.3 レイアウトファイルについて

今回もレイアウトは layout ディレクトリ内の「activity_main.xml」に定義されている。xml ファイルを開いて確認してみると，前章のものと比べて非常にシンプルな構造になっていることがわかる。

実行画面を見てわかるとおり，このサンプルアプリのレイアウトは非常に単純で，画像が 1 枚表示されるだけである。そのため，今回は画像を表示するための「ImageView」を一つ定義するだけでよい。

ImageView にはほかにない属性値として，「src」，「scaleType」の二つがある。「src」には表示する画像データを指定する。今回は drawable に格納した「drum.png」を表示したいため，「@drawable/drum」と指定している。

「scaleType」には画像の表示サイズと位置を指定するが，設定できる値は**表 4.2** のとおりである。今回も使用している「fitCenter」が最もよく使われる値である。

表 4.2 scaleType に設定できる値

設定値	動作
fitCenter	View に収まる最大サイズまで画像を拡大・縮小し，View の中央に表示する。
fitStart	View に収まる最大サイズまで画像を拡大・縮小し，View の左側に表示する。
fitEnd	View に収まる最大サイズまで画像を拡大・縮小し，View の右側に表示する。
fitXY	画像の縦横比を無視し，View いっぱいに拡大・縮小する。
centerInside	画像が View をはみ出す場合は fitCenter と同じ動作をし，画像が View より小さい場合はそのまま中央に表示する。
centerCrop	View を覆う最小サイズまで画像を拡大・縮小し，中央に表示する。
center	画像サイズは未加工のまま中央に表示する。
matrix	プログラム側で変換行列を指定して表示する際に使用。

また，ImageView には通常「contentDescription」属性に画像の内容を説明するテキストを設定する必要があり，これを省略すると警告が表示されてしまう。これは，目の不自由なユーザが ImageView をタッチしたときに画像の説

明を音声で確認するために使用される文章となるが，今回のアプリは元からタッチ時にフィードバックがあるため，contentDescription は省略している。

4.3.4 raw ディレクトリによるその他データ管理

drawable に続き，前章になかったディレクトリとして「raw」が登場する。このディレクトリは，drawable や layout などの用途に応じた専用ディレクトリに対応しないファイルを格納する，「その他」のディレクトリとなる。音声ファイルには専用ディレクトリがないため，今回使用する音声データはこの「raw」ディレクトリに格納している。

4.4　AndroidManifest の解説

今回はリソースでテーマを新しく定義しているため，application の android:theme に「@style/AppTheme」を設定している。そのほかについては前章とほぼ同様である。

4.5　プログラムの解説

プログラムは「java」ディレクトリ内にパッケージ「biz.answerlead.sample2」として作成している。今回は「MainActivity.java」と「Drum.java」の2ファイルで構成されている。

4.5.1　SoundPool の用意

まず初めに，Drum クラスで使用している SoundPool の解説を行う。SoundPool は音声データを管理するために Android 側で用意されたクラスで，今回のような短い音の再生に適したクラスである。本書のサンプルでは使用されていないが，音楽などの長い音声データの再生には MediaPlayer を使用する。

〇 Drum.java - 33 〜 57 行目

4.5 プログラムの解説

Drum コンストラクタでは，SoundPool の生成処理だけ行っている（図 4.7 参照）。

図 4.7 Drum コンストラクタのフローチャート

ここで SoundPool のインスタンスを生成しているが，ここで Android のバージョンによる処理分岐が必要となる。Android のバージョンは「Build.VERSION.SDK_INT」により取得可能である。Android 5.0（Lollipop）を境に SoundPool のインスタンス生成方法が変わるため，「Build.VERSION_CODES」に定義された定数「LOLLIPOP」と比較している。

まず，Android 5.0 未満の場合は通常のコンストラクタで初期化可能である。

```
sound_pool = new SoundPool(SOUND_NUM, AudioManager.STREAM_MUSIC, 0);
```

第 1 引数は同時再生音数，第 2 引数は再生音の種別，第 3 引数は再生時の質を指定する。なお，第 3 引数は指定が必須なものの Javadoc には「Currently has no effect. Use 0 for the default.」と記述されており，未使用となっている。

つぎに，Android 5.0 以降の場合は AudioAttributes クラスと SoundPool.Builder を使用して SoundPool を作成する。

AudioAttributes には用途として，何のための音なのか，いつ再生されるのかを指定する必要がある。今回は用意された定数の中から最も近いものとして，ゲーム用を示す「AudioAttributes.USAGE_GAME」とユーザアクションに合わせて再生されることを示す「AudioAttributes.CONTENT_TYPE_SONIFICATION」を指定している。

SoundPool.Builder には AndroidAttribute と同時再生音数を設定し，その後

build メソッドを呼ぶことで SoundPool のインスタンスを得ることができる。

4.5.2 SoundPool における音声データの管理

load メソッドでは，音声データの読込みを行う（**図 4.8** 参照）。

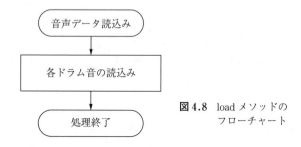

図 4.8 load メソッドのフローチャート

○ Drum.java - 60 〜 74 行目（抜粋）

```
sound_pool.load(context, R.raw.cymbal, 1);
```

ドラム音のデータを読み込むメソッドとして，load メソッドを用意した。音声データなどのリソースの参照にはアプリ側のインスタンスが必要になるため，Activity クラスやアプリそのものである Application クラスの基底クラスとなる Context を引数で受け取っている。

音声データの読込みは非常に簡単で，SoundPool.load メソッドに Context，リソース ID，優先度の 3 引数を与えるだけでよい。ただし優先度については SoundPool のインスタンスを作成したときと同じく，現在（Android 6.0）は優先度に値を指定しても反映されないようである。また，戻り値として得られる int 型の SoundID は音声データの再生や解放に必要となるため，変数に保存しておく必要がある。

また，load メソッドと対になるものとして，release メソッドを用意した（**図 4.9** 参照）。

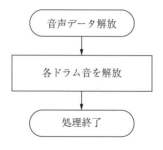

図 4.9 release メソッドの
フローチャート

○ Drum.java - 77 〜 88 行目（抜粋）

```
sound_pool.unload(sound_ids[i]);
```

音声データはメモリを消費するため，不要なときは適宜解放する必要がある。音声データの解放も読込みの際と同じく容易で，SoundPool.unload メソッドに SoundID を渡すだけでよい。解放した時点で SoundID は無効となるため，変数も合わせてクリアしておくと安全だろう。

4.5.3 SoundPool を利用した音声データの再生

play メソッドに音声の再生処理を定義した（**図 4.10** 参照）。

○ Drum.java - 92 〜 110 行目（抜粋）

```
sound_pool.play(
    sound_ids[index],    // 効果音 ID
    1.0f,                // 左音量
    1.0f,                // 右音量
    0,                   // 優先度
    0,                   // ループ回数
    1                    // 再生速度
);
```

音声データの再生には SoundPool.play メソッドを使用する。play メソッドには，SoundID，左音量，右音量，優先度，ループ回数，再生速度の六つの引数を与える。戻り値には int 型の StreamID が得られ，この値は再生中の音を

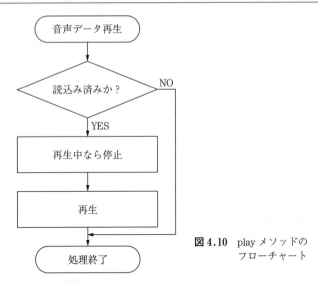

図 4.10 play メソッドの
フローチャート

一時停止したり完全に停止したりする際に必要となる。

ループ回数はループなし（1回だけ再生）であれば0, 1回だけループ再生（2回再生）の場合は1を指定する。また，無限ループにするためには−1を指定する。

4.5.4 AppCompatActivity の継承
○ MainActivity.java - 14 行目

```
public class MainActivity extends AppCompatActivity…
```

つぎに，MainActivity の解説を行う。今回は，「Activity」ではなく「AppCompatActivity」を継承した MainActivity となっているが，これは Android Studio で新しくプロジェクトを作成した際の初期設定となっている。

Android では，Google から Support Library というバージョン間の差異を吸収するライブラリが提供されており，これを利用することで新しい Android OS で追加された機能を古い Android OS でも利用可能にすることができる。

「AppCompatActivity」もそのライブラリの一部であり，例えば Android 3.0

から導入された「ActionBar」が Android 2.1 でも利用できるようになったり，Android 5.0 から採用されたマテリアルデザインを Android 4.0 以前でも使用したりすることができる。ゲームアプリなどのデザインを完全に自前で用意する場合以外は，AppCompatActivity を利用するのがよいだろう。

4.5.5 Activity のイベント

Activity の onCreate メソッドは画面表示時に呼ばれるイベントとして紹介済みだが，ほかにも画面関連のイベントは多数存在する。本サンプルでは新たに onResume メソッドと onPause メソッドを紹介する。

○ MainActivity.java - 39 〜 45 行目（抜粋）

```
@Override
protected void onResume()
```

ここで onResume メソッドをオーバライドしているが，このメソッドは起動時や履歴から画面が再表示されたときなど，画面が表示された際に呼ばれるメソッドである。今回はここで，前述の Drum クラスの load メソッドを呼び，ドラム音の読込み処理を行っている（**図 4.11** 参照）。

図 4.11 onResume メソッドのフローチャート

○ MainActivity.java - 48 〜 54 行目（抜粋）

```
@Override
protected void onPause()
```

ここでは onPause メソッドをオーバライドしている。onPause は onResume

と対になるメソッドで，ホームボタンが押された際など，画面が非表示になったときに呼ばれるメソッドとなる．たいていはメソッド内処理も onResume と対になり，今回は Drum クラスの release メソッドを呼ぶことで音声データを解放している（**図 4.12** 参照）．

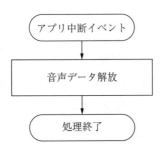

図 4.12　onPause メソッドのフローチャート

4.5.6　タッチイベント

前回のサンプルアプリではクリックイベントを紹介したが，今回は新しくタッチイベントを紹介する．クリックイベントは View をタッチして離したときに発生するイベントだが，タッチイベントはタッチの開始，終了，スワイプなどのすべての動作ごとに発生するイベントとなる．

タッチイベントの発生条件は onCreate メソッドで設定している（**図 4.13** 参照）．

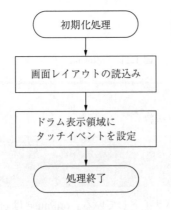

図 4.13　onCreate メソッドのフローチャート

4.5 プログラムの解説

○ MainActivity.java - 34 〜 35 行目

```
ImageView drum_image = (ImageView) findViewById(R.id.DrumImage);
drum_image.setOnTouchListener(this);
```

ここではドラムの画像を表示している ImageView を取得し，ImageView の「setOnTouchListener」メソッドを実行している。このメソッドの引数に OnTouchListener インタフェースを実装したリスナを設定すると，その View に関するタッチ動作を受け取ることができるようになる。

なお，setOnTouchListener は基底クラスの View が持っているメソッドであるため，ImageView に限らずさまざまな View で使用することができる。

○ MainActivity.java - 57 〜 154 行目（抜粋）

```
@Override
public boolean onTouch(View v, MotionEvent event)
```

今回は Activity 自身に OnTouchListener インタフェースを実装したため，onTouch メソッドも併せて実装している。onTouch メソッドに実装した処理は**図 4.14** のとおりである。

onTouch メソッドでは，タッチされた View と，イベントの詳細を取得するための MotionEvent クラスのインスタンスを受け取ることができる。MotionEvent から取得できる情報にはさまざまなものがあるが，順を追って解説する。

- MotionEvent.getActionMasked（）

タッチイベントの種別を取得する。戻り値は MotionEvent クラスに定義された定数の値となる。タッチの開始と終了については1点目と2点目以降で戻り値が異なり，1点目の場合は「ACTION_DOWN」と「ACTION_UP」，2点目以降の場合は「ACTION_POINTER_DOWN」と「ACTION_POINTER_UP」が発生する。移動についてはどちらも同じく「ACTION_MOVE」となる。

- MotionEvent.getActionIndex（）

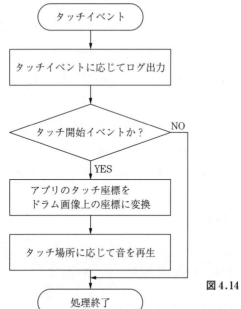

図 4.14 onTouch メソッドのフローチャート

発生したタッチイベントが何点目のタッチか取得する。ただし，この値が正常に取得できるのはタッチの開始と終了時だけで，タッチ座標の移動時についてはつねに 0 が戻ってくるため注意が必要である。

- MotionEvent.getPointerCount（）

現在 View をタッチしている点の数を取得する。

- MotionEvent.getX（index），MotionEvent.getY（index）

指定インデックスのタッチ座標を取得する。

102 行目のデバッグログでは，上記メソッドで取得できる値を表示している。実際に画面をタッチしながら，どういった値が取得できるか確認してほしい。

また，先に onTouch の戻り値について説明しておく。153 行目では true を返却しているが，この戻り値により動作が大きく異なってくる。

true を返却した場合はタッチ座標の移動やタッチの終了イベントまですべて取得できるが，View が重なっているアプリでは裏の View にイベントが伝わ

らなくなるというデメリットもある。複数のViewにイベントを設定する場合は，このような問題が発生するため注意が必要である。

falseを返却した場合は，Viewが重なっていても裏のViewにまでイベントがすべて伝わるが，1点目のタッチの開始時にだけイベントが発生する状態となり，タッチ座標の移動や終了，2点目以降のタッチ情報は一切取得することができない。onTouchの戻り値は，使用する条件に合わせてどちらを使用するか決める必要があるだろう。

実際にタッチに応じた動作は109〜149行目となる。今回はタッチ開始時に音を鳴らす処理を行いたいため，ACTION_DOWNとACTION_POINTER_DOWNのどちらかである場合だけタッチ座標のチェックを行う。

ここで，問題になるのが端末ごとの解像度の違いである。タッチ座標は解像度によって最大値が異なるため，取得したタッチ座標をそのまま使っても，どこをタッチしたのか判断することができない。そのため，一度タッチ座標を画像上の座標に変換する必要がある。

変換するためのメソッドなどは用意されていないため，画面サイズと画像サ

コラム❷

変換の考え方（表示領域が中央の場合）

  if (表示領域より画面の方が縦長ならば) {

    拡大率 = 表示領域横幅（処理上の値）/ 画面横幅；

  } else {

    拡大率 = 表示領域高さ（処理上の値）/ 画面高さ；

  }

  表示領域内 X 座標 =

    （元 X 座標 − 画面横幅 / 2）×拡大率 + 表示領域横幅 / 2；

  表示領域内 Y 座標 =

    （元 Y 座標 − 画面高さ / 2）×拡大率 + 表示領域高さ / 2；

イズを用いて計算する必要がある．今回用意した drum.png のサイズは 1 920：1 411 の比率となっているため，タッチ座標を (0, 0) 〜 (1 920, 1 411) の範囲となるよう計算する．

　その計算式が 112 〜 125 行目となり，計算された値はそれぞれ変数 x, y に格納されている．実際に図を描いてみて計算式を算出してみると，同じ式になることがわかるだろう．今回のアプリに限らず，画面比率を固定しなければならないゲームなどは同じような座標変換が必要となる．

　座標の変換ができたら，後はその座標に応じて再生する音を決定するだけである．今回はドラム部分へのタッチ判定を円として行っており，距離を算出する getDistance メソッドを作成し，タッチ座標と画像上の座標間の距離から再生音を決定している．音の再生は前述の Drum クラスに用意した play メソッドで行っている．

演 習 問 題

　本章で作ったドラムアプリでは，シンバル，ロータム，ハイタムについては左右に二つずつ配置しているが，ステレオスピーカ使用時，左側をたたくと左耳寄りで，右側をたたくと右耳寄りで音が出るよう変更せよ．左右の音量配分については任意とする．

　ヒント：SoundPool.play メソッドの引数を確認せよ．

5 ボール転がしアプリを作る

本章では，以下の技術を解説する。
- 暗黙的インテント
- 画像加工処理
- タイマー処理
- SurfaceView の使用法

5.1 サンプルアプリの確認

今回のサンプルアプリは，「Sample 3」である。実行すると，**図 5.1** の画面が表示される（Android 端末により，選択方法の項目は異なる）。画像の選択が完了すると**図 5.2** のように円形にくり抜いた画像が表示され，Android 端末の傾きによって画面上を動き回るようになる。

5.2 リソースファイルの解説

■ SurfaceView による画像の描画

今回，リソースファイルにおける新しい要素は layout の activity_main.xml に登場する SurfaceView だけである。そのほかについては特筆すべき項目はないため，各ファイルの内容だけ簡単に目を通しておいてほしい。

layout の activity_main.xml を開くと，SurfaceView が一つ定義されているだけのファイルとなっている。SurfaceView は前回紹介した ImageView と同じく

図 5.1 Sample 3 の実行画面（1）　　**図 5.2** Sample 3 の実行画面（2）

画像を表示するための View だが，SurfaceView は動的に画面を表示するのに適した View である。ImageView でも表示する画像を動的に切り替えれば同様のことが可能だが，SurfaceView の方が高速で動作するため，ゲームなどには SurfaceView が適している。

5.3 AndroidManifest の解説

本章で新しく AndroidManifest.xml に登場する項目は 2 点存在する。
○ 6 行目

```
<uses-permission
    android:name="android.permission.WRITE_EXTERNAL_STORAGE"/>
```

新しく「uses-permission」要素が登場している。パーミッションは「許可，認可」という意味だが，ソフトウェアの世界では基本的に「アクセス権」の意

味合いで使用されることが多い。

今回は外部ファイルにアクセスすることがあるアプリとなっているが，外部ファイルへのアクセスは無条件で行うことはできず，上記のパーミッションが必要となる。uses-permission 要素の android:name 属性に許可を求めるアクセス権を指定し，外部ファイルへのアクセスには「android.permission.WRITE_EXTERNAL_STORAGE」を指定する必要がある。

ほかにもさまざまなアクセス権があり，インターネット接続や GPS 情報の取得など，おもにプライバシーに関わる情報へアクセスする際には AndroidManifest.xml に定義が必要となっている。ここで設定したアクセス権はアプリを Android 端末にインストールするときの確認画面に表示される。不要なアクセス権を残したままにしておくと，ユーザに不信感を与えることになるため，本当に使うものだけ定義するよう注意したい。

○ 17 行目

```
android:screenOrientation="nosensor"
```

通常，Android アプリケーションは縦画面でも横画面でも使用することができるようになっている。ただし，今回は加速度センサを使ったアプリであるため，起動中に画面が切り替わってしまっては正しく動作しなくなってしまう。また，ゲームなどを作成する場合も縦画面固定や横画面固定にしたい場合があるだろう。そのときに activity に指定するのが「android:screenOrientation」である。

今回のサンプルアプリで指定しているのは「nosensor」という画面回転を無効化するオプションだが，ほかにも指定可能な値がある。よく使われるであろう値を**表 5.1** に挙げる。

表 5.1　screenOrientation に設定できる値

値	効　果
unspecified	初期設定。端末の傾きに合わせて画面回転する。端末側の設定で自動回転を OFF にしている場合は回転しない。
sensor	端末側の設定で自動回転を OFF にしていても，傾きに合わせて自動回転する。
nosensor	端末側の設定で自動回転を ON にしていても，端末初期設定の向きで固定される（通常，スマートフォンは縦画面，タブレットは横画面）。
portrait	縦画面固定。
landscape	横画面固定。

5.4　プログラムの解説

プログラムは「java」ディレクトリ内にパッケージ「biz.answerlead.sample3」として作成している。今回は「MainActivity.java」と「OrientationReader」の 2 ファイルとなっている。

5.4.1　暗黙的インテントの発行

今回のプログラムの大半は，ファイル選択関連のプログラムとなっている。画像ファイルを選択して円形にくり抜いた画像を作成する手順はかなり長いため，5.4.1 項から 5.4.5 項までの 5 項に分けて説明する。

あらかじめ大まかにファイル選択の手順を説明しておく。ファイル選択は，「暗黙的インテント」によるファイル選択外部アプリの起動，起動した外部アプリからの結果受取り，画像データの読込み，といった流れになる。図 5.3 にファイル選択の流れを示したので，参考にしてほしい。

◯ MainActivity.java - 101 行目

暗黙的インテントの解説に入る前に，ファイル選択の処理中に一時ファイルが必要となる箇所があるため，MainActivity.java の onCreate メソッド内で一時ファイルの場所をあらかじめ決めておく。

なお，onCreate メソッドのフローチャートをあらかじめ図 5.4 で紹介して

5.4 プログラムの解説

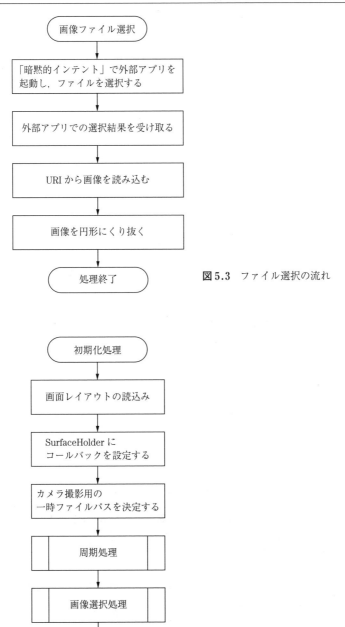

図 5.3 ファイル選択の流れ

図 5.4 onCreate メソッドのフローチャート

おく．ここではさまざまな処理の初期化を行っているため，解説は随時行っていく．

getExternalCacheDir メソッドにより，外部 SD のキャッシュ領域のディレクトリを取得することができる．このディレクトリはアプリごとに作成されているため，ほかのアプリを気にすることなく自由に使うことができる．

```
temp_file = new File(getExternalCacheDir(), "temp.jpg");
```

今回は，キャッシュ領域に「temp.jpg」を保存することとした．

○ MainActivity.java - 108 〜 124 行目

selectPicture メソッドで画像選択処理を行う（**図 5.5** 参照）．

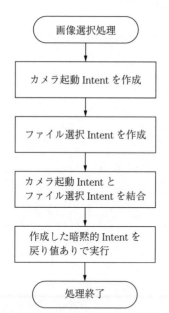

図 5.5 selectPicture メソッドのフローチャート

今回は「ファイル選択」による画像選択と，「カメラ」による画像選択の 2 通りを選択方法として用意している．どちらも選択（撮影）画面は外部アプリのものとなっているが，このように異なる画面との連携が必要な際に使用するのが「インテント」である．

「インテント」には「暗黙的インテント」と「明示的インテント」の2種類がある。「暗黙的インテント」は「○○したい」というインテントを発行し，それに応えることのできるアプリを起動するインテントである。「明示的インテント」は直接起動したい相手を指定し，そのアプリを起動するインテントである。

今回は，「ファイル選択」の暗黙的インテントと「カメラ撮影」の暗黙的インテントの2種類を組み合わせて使用することになる。順を追って，まずファイル選択の暗黙的インテントから解説する。

```
// 画像ファイル選択 Intent を作成
Intent intent_file = new Intent(Intent.ACTION_GET_CONTENT);
intent_file.setType("image/*");
```

ファイルを選択するインテントは，Intentのコンストラクタの第1引数に「Intent.ACTION_GET_CONTENT」を与えることで作成できる。また，setTypeメソッドによりファイルの種別を設定すれば，それで絞り込むことができる。

ただし，Intent.ACTION_GET_CONTENTに応答できるアプリは開発者が自由に作成できるため，このsetTypeに設定されたファイルタイプを守って動作してくれるとは限らない。画像でないファイルが選択された場合も，エラーでアプリが落ちることがないよう例外処理を行うことが必要となる。

つぎにカメラ起動用のインテントだが，これもコンストラクタから作成し，第1引数に「MediaStore.ACTION_IMAGE_CAPTURE」を与えることでカメラ関連のアプリを起動することができる。

```
// カメラ起動 Intent を作成
Intent intent_camera = new Intent(MediaStore.ACTION_IMAGE_CAPTURE);
intent_camera.putExtra(
    MediaStore.EXTRA_OUTPUT, Uri.fromFile(temp_file));
```

撮影した写真の保存先を受け取る方法は存在しないため，あらかじめ保存先を指定しておく必要があるが，setTypeなどの用意されたメソッドで対応でき

ない値を設定したい場合は Intent.putExtra を使用する。第1引数にキーを指定し，第2引数に値を設定するが，今回は出力先を示す「MediaStore.EXTRA_OUTPUT」をキーとして，temp_file を URI に変換して値として指定している。

これでファイル選択のインテントとカメラ起動のインテントの両方が作成できたが，インテントの発行を同時に行うことはできない。そのため，発行する前にこの二つをまとめて一つに結合する必要がある。

```
Intent intent = Intent.createChooser(intent_camera, "画像選択");
intent.putExtra(
    Intent.EXTRA_INITIAL_INTENTS, new Intent[]{intent_file});
```

Intent クラスの createChooser メソッドと，Intent.EXTRA_INITIAL_INTENTS を指定した putExtra を組み合わせることでインテントを結合することができる。これで，ファイル選択を行うか，カメラ起動を行うインテントができ上がる。

あとはインテントを発行すれば，アプリ選択の画面が表示される。

```
    startActivityForResult(intent, FILE_SELECT_CODE);
```

インテントを実行するメソッドはいくつかあるが，今回は戻り値が必要なため「startActivityForResult」を使用する。このメソッドには，発行したいインテントと，戻り値が発生したときの識別に使う「リクエストコード」として int 型の正の値を指定する必要がある。

5.4.2 インテントの戻り値を受け取る

つぎは，発行したインテントの結果を受け取る処理を解説する。インテントでの実行結果は，onActivityResult メソッドにより受け取ることができる。onActivityResult メソッドの処理概要を**図 5.6** に示す。

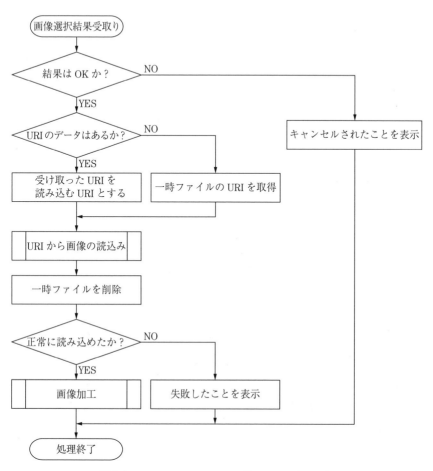

図 5.6 onActivityResult メソッドのフローチャート

○ MainActivity.java - 128 〜 175 行目（抜粋）

```
protected void onActivityResult(
    int requestCode, int resultCode, Intent data)
```

startActivityForResult メソッドでインテントを発行し，外部アプリでファイル選択や撮影が完了すると，呼出し元の onActivityResult メソッドが実行される。この引数として受け取る requestCode, resultCode, data の三つから結果

を取得する。

　requestCode は startActivityForResult メソッドを実行した際に指定した値が返ってくる。今回はそもそもインテントが一つしかないため判断は不要なのだが，サンプルとして値のチェックを行っている。

```
if (requestCode == FILE_SELECT_CODE)
```

　resultCode には正しく結果が得られたかどうかが格納される。正常に完了していると「RESULT_OK」が格納されている。キャンセルされた場合は，「RESULT_CANCEL」が格納される。今回はこの値をチェックして，キャンセル時は「Toast」を表示するようにしている。

```
Toast.makeText(this, getString(R.string.load_canceled),
   Toast.LENGTH_SHORT).show();
```

　実際にキャンセルして表示させてみるとわかるが，Toast とは Android 標準の画面下部に表示されるメッセージである。簡単なメッセージであれば，このように Toast を用いて表示するとよいだろう。

　つぎに，選択されたデータの取得だが，ファイル選択した場合とカメラ撮影を行った場合で動作が異なってくる。引数の data には結果が格納されているが，前述のとおりカメラを使用した場合は保存先を受け取ることができず，data の持つ getData メソッドの結果も null となる。

　そのため，今回はそれを逆手に取り，getData メソッドの戻り値が null でない場合はファイル選択，null の場合はカメラ撮影として処理を行う。

　ファイル選択が完了している場合は getData メソッドでファイルの場所を指す URI が取得できる。

```
uri = data.getData();
```

　カメラ撮影時は data.getData メソッドの内容は null となるため，一時ファイルである temp_file を Uri に変換して使用する。

```
uri = Uri.fromFile(temp_file);
```

Uri の取得が完了したら，画像を読み込む処理を行う。画像の読込みには作成した loadBitmap メソッドを使用しているが，内容については 5.4.4 項で説明する。

```
Bitmap bitmap = loadBitmap(uri);
```

最後に，読み込んだ画像を円形に切り出す処理を行う。これも同様に getCircularImage メソッドを用意した。詳細は 5.4.5 項で説明する。円形に切り出した画像は後ほど使用するため，メンバ変数の ball_image に格納する。

```
ball_image = getCircularImage(bitmap);
```

5.4.3 Uri から InputStream を取得する

画像読込み処理の前に，Uri から InputStream を取得する方法を解説する。274 行目に定義した「openInputStreamFromUri」メソッドが Uri から InputStream を取得するメソッドとなる（図 5.7 参照）。

○ MainActivity.java - 280 行目

まずは，Uri のスキームをチェックする必要がある。今回 Uri のスキームとして渡される可能性がある値は，ファイル選択時の「content」と，カメラ使用時の「file」の 2 種類である。それぞれ，InputStream の取得方法が異なるため，switch 文で処理を分岐させている。

○ MainActivity.java - 283 〜 284 行目

まずはファイル選択時の「content」の場合だが，読み込むためにはコンテンツプロバイダを通して処理を行う必要がある。

Android では，コンテンツプロバイダと呼ばれる全アプリ間共通で利用できるデータ管理のシステムを採用している。Android 標準のギャラリーアプリを使用するとわかるが，さまざまなディレクトリに格納された画像ファイルをま

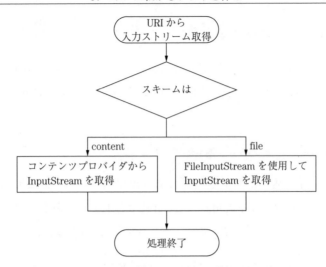

図 5.7 openInputStreamFromUri メソッドのフローチャート

とめて一覧で表示できているのは，このシステムによるものである。

　コンテンツプロバイダとデータをやり取りするためには，ActivityのgetContentResolver メソッドで得られる ContentResolver を使用すると簡単である。今回は，ContentResolver の openInputStream メソッドに Uri を渡すことで InputStream を取得して返却している。

　InputStream はこのように簡単に取得できるが，Uri から実ファイルパスを取得しようとすると，ファイルの保存場所などによってファイルパスの取得方法が異なるため，非常に長い処理を書く必要がある。また，Android のバージョンアップにより取得方法が変わる可能性もあるため，極力 InputStream だけで完結できるプログラムを書くようにすべきである。

　○ MainActivity.java - 287 〜 288 行目

　カメラ撮影時の「file」の場合は，非常に簡単である。Uri の持つ getPath メソッドによりファイルパスが得られるため，それを FileInputStream のコンストラクタに渡すことで InputStream を得ることができる。

5.4.4 画像読込み

画像の読込みについては，いくつかの手順が必要となる。

画像データは基本的に1ピクセル4バイトとなっており，1 920 × 1 080の画像をそのまま読み込むと，単純計算でも8 MB以上のメモリを消費することとなってしまう。PCであればまったく問題ない消費量だが，スマートフォンには苦しい消費量となる。端末によっては処理中にOutOfMemoryの例外が発生することもあるため，Androidの画像読込み処理では必要なサイズに縮小しつつ読み込む必要がある。

また，カメラで撮影した画像はカメラ側の関係で，向きの情報とともに画像データが回転した状態で保存されている場合がある。その際は，向きの情報を基に読み込む側が画像を回転させる処理を行う必要がある。

上記の処理を行うのが178〜271行目のloadBitmapメソッドとなる。loadBitmapメソッドの処理の内訳は，図5.8のフローチャートに示した。

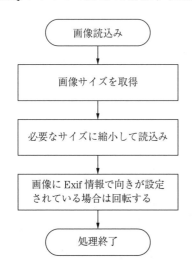

図 5.8 loadBitmap メソッドのフローチャート

○ MainActivity.java - 182 〜 194 行目（抜粋）

後述の画像読込み処理に使用するため，まずは画像サイズを取得する。画像サイズを読み込むためには，BitmapFactory と BitmapFactory.Options クラス

を使用する必要がある。

```
InputStream input = openInputStreamFromUri(uri);
BitmapFactory.Options get_size_option = new BitmapFactory.Options();
get_size_option.inJustDecodeBounds = true;
BitmapFactory.decodeStream(input, null, get_size_option);
input.close();
```

InputStream の取得には，5.4.3項で説明した openInputStreamFromUri メソッドを使用している。画像データの読込みには，191 行目の BitmapFactory.decodeStream メソッドを使用するが，このとき第3引数にオプションを設定することができる。

オプションは 185～188 行目で作成しているが，BitmapFactory.Options クラスのメンバ変数「inJustDecodeBounds」を true とすると，画像データ自体は読まずに画像サイズだけ得ることができる。読み込んだ画像サイズは，与えた BitmapFactory.Options クラスのメンバ変数「outWidth」と「outHeight」に格納される。

なお，BitmapFactory.decodeStream メソッドは読み込んだ Bitmap を戻り値とするが，inJustDecodeBounds がオプションに設定されているときは必ず null を戻すようになっている。

画像サイズの取得ができたら，つぎはサンプリングして読み込む処理となる。これも先ほどと似たようなコードだが，オプションの内容が異なっている。

```
int short_side =
    Math.min(get_size_option.outWidth, get_size_option.outHeight);
int ratio = Math.max(short_side / PICTURE_SIZE, 1);
input = openInputStreamFromUri(uri);
BitmapFactory.Options options = new BitmapFactory.Options();
options.inSampleSize = ratio;
Bitmap bitmap = BitmapFactory.decodeStream(input,
null, options);
input.close();
```

まず，210行目のinSampleSizeは，画像を読み込む際のサンプリング間隔となる。初期設定は1で全データの読込みとなっており，2を指定すると縦横ともに半分のサイズで読込みとなる。また，この値は処理の関係上2のべき乗しか対応していないが，2のべき乗以外の数値を与えると自動で与えた数値未満の2のべき乗に丸められるようになっている。

このinSampleSizeに数値を指定するため，197，200行目では読み込みたいサイズとの比率を求めている。今回PICTURE_SIZEには300を定義してあるため，元画像の短辺が600ピクセル以上の場合は2，1 200ピクセル以上の場合は4となるよう計算している。

ただし，上記のとおり2のべき乗間隔でしかサンプリングすることができないため，目的と一致するサイズで読み込むことはできない。目的より小さくならない程度にサンプリングして読み込み，その後に別処理で目的のサイズに縮小する必要がある。

○ MainActivity.java - 219 ～ 261 行目

Bitmapの読込みが完了したが，このままではカメラで撮影した画像が回転した状態で読み込まれる場合がある。そのため，画像ファイルに設定されたExifを読み込んで回転が必要な場合は回転処理を行う必要がある。

向きの取得は223行目で，用意したOrientationReaderクラスのgetメソッドを利用している。このメソッドでの処理についての詳細は省略するが，Exifフォーマットに従ってファイルを読んでいるだけである。

向きの取得はAndroid標準のExifInterfaceクラスでも行うことができるのだが，このクラスを利用する場合はファイルパスが必要となってしまうため，先に述べたように今回は利用することができない。Exifを扱うライブラリはいくつか存在するため，それを利用することも検討できるだろう。

向きの読込みが完了したら，つぎは回転処理を行う。画像の回転処理にはMatrixクラスを使うとよいだろう。Exifの向きとして定義されている値は4方向とそれぞれ左右反転した画像の8種類となる。値と回転の対応についてはプログラムを参照してほしい。

Matrix に postScale メソッドや postRotate メソッドで反転と回転の処理を行った後は，Bitmap.createBitmap メソッドの引数に Matrix を与えることで変形処理を行った Bitmap を新しく得ることができる．

5.4.5 画像の加工

画像の読込みが終わったら，つぎは画像を円形に切り出す処理を行う．この処理は，297〜335 行目の getCircularImage メソッドで行っている（**図 5.9** 参照）．

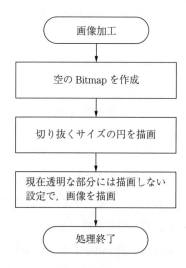

図 5.9 getCircularImage メソッドのフローチャート

○ MainActivity.java - 300 行目

```
Bitmap bitmap = Bitmap.createBitmap(
    PICTURE_SIZE, PICTURE_SIZE, Config.ARGB_8888);
```

最初に，ベースとなる空の Bitmap を作成する．この Bitmap が最終的に使用する Bitmap となるため作成サイズは目的のサイズとし，角が透明となることからアルファ値（透明度）を持つ 32 ビットのデータとする．

5.4 プログラムの解説

○ MainActivity.java - 303 〜 314 行目（抜粋）

```
float half = PICTURE_SIZE / 2.0f;
Canvas canvas = new Canvas(bitmap);
Paint white = new Paint();
white.setColor(Color.WHITE);
white.setAntiAlias(true);
canvas.drawCircle(half, half, half, white);
```

まず，Bitmap に切り抜くサイズと同じサイズの円を描画する。

Bitmap への描画には，Canvas クラスと Paint クラスを使用する。Canvas クラスのメソッドで描く図形を指定し，そのとき指定する Paint クラスで色などの情報を指定する仕組みとなっている。

今回作成している Paint は，色を白で設定し，ドットの粗さをなくすためアンチエイリアスを有効にしている。この Paint を使用して，Canvas の drawCircle メソッドで円を描画している。drawCircle メソッドには，描画する中心座標と半径を指定する。

○ MainActivity.java - 319 〜 332 行目（抜粋）

```
Paint paint = new Paint();
paint.setXfermode(new PorterDuffXfermode(Mode.SRC_ATOP));
```

描画した円の上に，選択した画像を描画する。

このとき，Paint の XferMode に PorterDuffXfermode の「SRC_ATOP」を指定すると，「描画先のアルファ値（透明度）は保持したまま，描画処理を行う」設定となる。つまり，今回のように円だけが描いてあるところに描画すると円の外には描画されず，円形に切り出すことが可能ということである。

つぎに，画像はある程度縮小して読み込んだが，目的のサイズまでは縮小できていないため，Bitmap の中央に縮小して表示するよう調整する必要がある。

```
float ratio = (float) PICTURE_SIZE /
    Math.min(original.getWidth(), original.getHeight());
Matrix matrix = new Matrix();
```

```
matrix.postTranslate(
    -(original.getWidth() - PICTURE_SIZE) / 2,
    -(original.getHeight() - PICTURE_SIZE) / 2
);
matrix.postScale(ratio, ratio, half, half);
```

サイズや表示位置の調整には，回転時と同じくMatrixを使用すると楽である。Matrixの作成が終わったら，後はCanvasのdrawBitmapメソッドにMatrixを指定し，画像を描画する。

```
canvas.drawBitmap(original, matrix, paint);
```

これで目的のBitmapが生成できたため，作成した変数bitmapを返却して本メソッドの処理は終わりとなる。

5.4.6 メニューの作成

本サンプルアプリでは画面右上に三点リーダを縦にしたようなメニューボタンが表示されており，ここから画像選択を確認することができる。本項ではメニュー項目の作成方法と，選択時の処理について解説する。

○ MainActivity.java - 338 ～ 345 行目（抜粋）

```
@Override
public boolean onCreateOptionsMenu(Menu menu) {
    menu.add(Menu.NONE, MENU_SELECT_PICTURE, Menu.NONE,
        R.string.select_picture);
    return super.onCreateOptionsMenu(menu);
}
```

メニューの追加はActivityのonCreateOptionsMenuメソッドをオーバライドして行う（**図 5.10** 参照）。

onCreateOptionsMenuメソッドには引数としてMenuクラスのインスタンスが渡されてくるため，それに対しaddメソッドで項目を追加していく。引数は順に，「グループID」，「アイテムID」，「表示順」，「表示文字列」となって

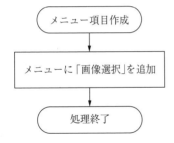

図 5.10 onCreateOptionsMenu メソッドのフローチャート

いる。選択項目を識別するための「アイテム ID」と「表示文字列」は必須となるだろう。そのほかについては，不要であれば「Menu.NONE」を指定しておくとよい。

○ MainActivity.java - 348 ～ 357 行目（抜粋）

```java
@Override
public boolean onOptionsItemSelected(MenuItem item) {
    if (item.getItemId() == MENU_SELECT_PICTURE) {
        selectPicture();
    }
    return super.onOptionsItemSelected(item);
}
```

選択時は Activity の onOptionsItemSelected メソッドが呼ばれる。これも同様にオーバライドして使用する（**図 5.11** 参照）。

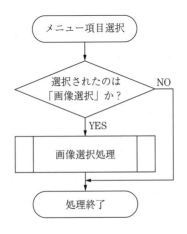

図 5.11 onOptionsItemSelected メソッドのフローチャート

onOptionsItemSelected メソッドの引数には MenuItem クラスのインスタンスが渡されるが，これの getItemId メソッドにより onCreateOptionsMenu メソッドで追加した項目のアイテム ID を取得することができる。後は取得したアイテム ID を基に処理内容を分岐させればよい。

今回は「画像選択」の項目しか存在しないが，これを選んだ場合は作成した画像選択処理メソッドの「selectPicture」を呼んでいる。

5.4.7 センサの利用

Android 端末にはさまざまなセンサが搭載されている。そのうち，今回は加速度センサを利用する。

○ MainActivity.java - 95 行目

```
sensor_manager = (SensorManager) getSystemService(SENSOR_SERVICE);
```

センサを扱うためには，まずセンサマネージャを取得する必要がある。センサマネージャは onCreate メソッドなどで，一度だけ取得すればよい。

つぎに，センサマネージャを使用してセンサを利用するための設定を行う。センサの利用はアプリがバックグラウンドにある際は不要なため，onResume メソッドと onPause メソッドを使用して，利用する場合だけ取得するようにする。

○ MainActivity.java - 364 〜 369 行目

```
Sensor sensor =
    sensor_manager.getDefaultSensor(Sensor.TYPE_ACCELEROMETER);
if (sensor != null) {
    sensor_manager.registerListener(this, sensor,
        SensorManager.SENSOR_DELAY_GAME);
}
```

onResume メソッドでは，センサの利用開始処理を行う（**図 5.12** 参照）。
実際に使用するセンサはセンサマネージャの getDefaultSensor メソッドに種

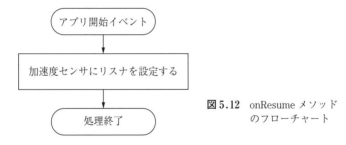

図 5.12 onResume メソッドのフローチャート

類を指定して取得する。今回は加速度センサを利用したいため，Sensor. TYPE_ACCELEROMETER を指定している。ほかにも Sensor クラスの下にいくつか定数が定義されているため，確認してみるとよいだろう。加速度センサが搭載されていない Android 端末の場合，null が返却される。

センサが取得できたら，センサマネージャにリスナを登録するよう registerListener メソッドを呼び出す。リスナには「SensorEventListener」を実装したものを指定する必要があるが，今回は Activity 自身に実装しているため this を指定している。

また，第3引数には取得間隔を指定するが，指定できる値はつぎの四つあり，利用シーンに応じて設定する。最も高頻度で取得する「SENSOR_DELAY_FASTEST」，ゲーム用の「SENSOR_DELAY_GAME」，ゲームほどの精度は不要だが画面に反映しつつ使用する場合は「SENSOR_DELAY_UI」，ログへの記録やバックグラウンドで動作するような場合は「SENSOR_DELAY_NORMAL」を指定する。

○ MainActivity.java - 377 行目

```
sensor_manager.unregisterListener(this);
```

onPause メソッドにはリスナの解除を実装している（**図 5.13** 参照）。

センサの値はアプリがバックグラウンドとなっているときには不要なため，onResume で利用開始，onPause で利用停止としている。不要なときにセンサの値を取得するのはバッテリーの消費にもつながるため，必要な場面だけ利用

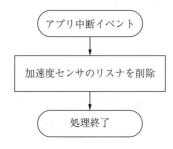

図 5.13 onPause メソッドのフローチャート

するようにしたい。

○ MainActivity.java - 381 〜 394 行目（抜粋）

```
@Override
public void onSensorChanged(SensorEvent event) {
    if (event.sensor.getType() == Sensor.TYPE_ACCELEROMETER) {
        ax = -event.values[0];
        ay = event.values[1];
    }
}
```

センサの値が変化すると，SensorEventListenerインタフェースの「onSensorChanged」メソッドが呼び出される。このメソッドでは，加速度センサの値をボールの加速度に反映させる処理を行う（**図 5.14** 参照）。

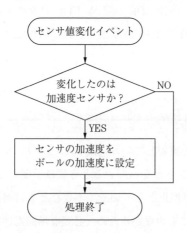

図 5.14 onSensorChanged メソッドのフローチャート

引数として受け取る SensorEvent から情報を取得することができる。複数のセンサを同時に扱う際は，SensorEvent がメンバ変数に sensor を持っているため，ここから getType メソッドで何のセンサの値なのか判断することができる。

実際に取得した値は，SensorEvent のメンバ変数 values に格納されている。values は float 型の配列となっており，指定したセンサによって格納される値は異なるが，加速度センサの場合は X, Y, Z の加速度がそれぞれ格納されている。

今回は X, Y の値を使用するため，0 番目と 1 番目の値をメンバ変数 ax, ay に保存している。X だけ負の値としているのは，物理上の X, Y 軸と，画面上の X, Y 軸が上下で反転しているためである。

サンプルプログラム内に受け取った値をログに出力する処理をコメントで置いてあるため，コメントを解除して実行してみるとセンサの値が正しく得られていることがわかるだろう。

○ MainActivity.java - 397 〜 400 行目

```
@Override
public void onAccuracyChanged(Sensor sensor, int accuracy) {
    // 処理なし
}
```

SensorEventListener インタフェースを実装する際は，「onAccuracyChanged」メソッドも実装する必要がある。

このメソッドはセンサの精度が変化した際に呼び出されるメソッドである。精度にシビアなアプリを開発する際に使用されるが，通常は未使用のメソッドとなるだろう。

5.4.8 SurfaceView の利用

リソースの節でも説明したが，今回のように高速な画面処理が必要な場合は

SurfaceView を利用する。そのためには，いくつかのステップが存在する。

○ MainActivity.java - 91 〜 92 行目

```
screen = (SurfaceView) findViewById(R.id.Screen);
screen.getHolder().addCallback(this);
```

SurfaceView も通常の View と同じように findViewById から ID を使用して取得できるが，実際に使用するためには SurfaceView の getHolder メソッドを使用して「SurfaceHolder」を取得し，それに対し SurfaceHolder.Callback インタフェースを実装したコールバックを指定する必要がある。

SurfaceView による表示は特殊でほかの View と異なるため，Activity が前面になったとき，バックグラウンドに移動したときなどに生成と破棄を繰り返すようになっている。その際，プログラム側でそれを検知する必要があるため SurfaceHolder.Callback が用意されている。

SurfaceHolder.Callback インタフェースにより実装するメソッドを順に説明していく。

○ MainActivity.java - 403 〜 406 行目

```
@Override
public void surfaceCreated(SurfaceHolder holder) {
    screen_holder = holder;
}
```

「surfaceCreated」メソッドは SurfaceView の用意ができた際に呼び出されるイベントである。実際の描画も SurfaceView に直接ではなく SurfaceHolder を通して行うため，取得した SurfaceHolder をメンバ変数に保存している。

○ MainActivity.java - 409 〜 412 行目

```
@Override
public void surfaceChanged(
    SurfaceHolder holder, int format, int width, int height) {
    // 処理なし
}
```

5.4 プログラムの解説　　89

「surfaceChanged」メソッドは SurfaceView が生成された際と，SurfaceView のサイズが変化した際に呼び出される．今回は未使用である．

○ MainActivity.java - 415 〜 418 行目

```
@Override
public void surfaceDestroyed(SurfaceHolder holder) {
    screen_holder = null;
}
```

「surfaceDestroyed」メソッドは SurfaceView が破棄されたときに呼び出されるイベントである．今回はメンバ変数の screen_holder を null にしている．

実際に SurfaceView に描画する手順は，次項のタイマー処理内で紹介する．

5.4.9 Handler を用いたタイマー処理

Java でタイマー処理といえば，java.util パッケージの Timer クラスを思い浮かべる読者も多いだろう．本サンプルアプリでも Timer クラスを使用してもよいのだが，Timer クラスを用いた際の問題として「別スレッドで実行される」点が存在する．

マルチスレッドでの実行は排他制御が必要になるほか，Android では View に関する操作は基本的にメインスレッドでしか行えないという制約があるため，別スレッドの初期結果を UI に反映される際には一手間が必要となる．その際に，どのスレッドからでもメインスレッドでの実行を可能とするのが Handler である．

Handler クラスを使用すると，Handler のインスタンスを生成したスレッドと同じスレッドで処理を実行することができる．そのため，あらかじめメインスレッドで Handler を生成しておけば，別スレッドでの実行が必要な場合でも，最後に Handler を通して画面を操作することで正常に画面を操作することができるようになる．

Handler のもう一つの機能として遅延実行が存在し，java.util.Timer と同じ

く指定ミリ秒後の実行が可能となっている。そのため，Handlerを使用して実行した処理が終わった際に，再度Handlerに対して同じ処理を一定時間後に実行するようにすると，一定周期での実行が可能となるのである。

ただし，前述のとおりHandlerによる実行はメインスレッドとなるため，タイマー内の処理の負荷が高い場合は，UIの動作が遅くなる可能性がある点に注意したい。本サンプルでは単純な処理しか行わないためタイマー処理すべてをHandlerで行っているが，負荷が予想される場合はタイマー処理を別スレッドとして，必要な箇所だけHandlerを使用する方がよいだろう。

また，Viewに関する操作は「基本的に」メインスレッドでしか行えないと記載したが，例外として今回使用しているSurfaceViewへの描画については別スレッドからも行うことができる。今回はHandlerの紹介も兼ねているためメインスレッドでの実行となったが，本書のサンプル5では別スレッドでの実行も紹介しているため，そちらも併せて参考にしてほしい。

〇 MainActivity.java - 72行目

```
Handler handler = new Handler();
```

メンバ変数としてHandlerのインスタンスを作成している。メンバ変数の初期化はメインスレッドで行われるため，このHandlerもメインスレッドで実行できるHandlerとなる。

〇 MainActivity.java - 98行目

```
timer_event.run();
```

onCreateの際に，タイマー処理の起動を行っている。変数のtimer_eventはつぎに説明する。

〇 MainActivity.java - 421〜473行目（抜粋）

```
private Runnable timer_event = new Runnable() {
    public void run() {
        ...
```

```
        handler.postDelayed(this, LOOP_DELAY);
    }
};
```

　Handler に渡す実行単位は，Runnable インタフェースを用いる。Runnable は run メソッドを持つインタフェースで，「処理」をクラス間でやり取りしたい場合に使用する。98 行目で実行していたのは，この Runnable インタフェースを実装した匿名クラスの run メソッドである。

　また，この run メソッドの最後（471 行目）に handler.postDelayed メソッドを使用している。これは，Handler を用いて自クラスの run メソッドを LOOP_DELAY（20）ミリ秒後に実行せよ，という処理である。これにより，run メソッドは 20 ミリ秒ごとに実行されるようになる。

　その周期実行される run メソッドの内容だが，ボールの移動処理に行数を要しているだけで描画処理自体は非常にシンプルである。処理概要を**図 5.15** に示した。

○ MainActivity.java - 425 行目

```
if (screen_holder != null)
```

　ここでは変数 screen_holder を null チェックすることで，SurfaceView が描画可能な状態にあるかどうか判断している。

○ MainActivity.java - 428 行目

```
Canvas canvas = screen_holder. unlockCanvasAndPost ();
```

　SurfaceHolder からは，描画用の Canvas を取得することができる。このキャンバスに処理を行っていくことによって，SurfaceView の表示を構成していく。

○ MainActivity.java - 431 行目

```
canvas.drawColor(Color.WHITE);
```

　新しく描画を始める前に前回描画した内容をクリアするため，キャンバスを

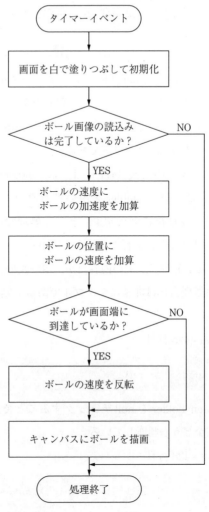

図 5.15　run メソッドのフローチャート

白で塗りつぶす．

○ MainActivity.java - 434 〜 464 行目（抜粋）

```
canvas.drawBitmap(ball_image, ball_x, ball_y, null);
```

ボール画像の読込みが完了している場合はボールの座標計算を行い，ボール

画像の表示を行っている。座標計算自体は加速度，速度，座標の単純な計算であるため解説は省略する。

Canvas.drawBitmap メソッドは 5.4.5 項でも紹介したが，drawBitmap メソッドにはいくつかオーバーロードが存在し，今回は Bitmap を指定座標（Bitmap の左上が基点）に描画するメソッドを使用している。

○ MainActivity.java - 467 行目

```
screen_holder.unlockCanvasAndPost(canvas);
```

キャンバスへの描画が完了したら，SurfaceHolder. unlockCanvasAndPost メソッドを実行して SurfaceView に反映させる。

本サンプルアプリの解説は以上となる。前述のとおり，このサンプルアプリのタイマー処理は別スレッドでの実行でも可能である。java.util.Timer や，java.lang.Thread などを用いた別スレッドでのタイマー処理に作り変えて確かめてみるのもよいだろう。

演 習 問 題

本章で作ったボール転がしアプリについて，画面を指 2 本でタッチすることにより，ボールの大きさを変更することができるよう変更せよ。ただし，ボールの大きさはタッチしている 2 点間の距離と等しくすること。

ヒント 1：SurfaceView へ 4 章で使用したタッチイベントを設定する。
ヒント 2：画像を拡大・縮小して表示する場合は，Canvas.drawBitmap のオーバーロードである下記 2 メソッドのいずれかを使用するとよい。

    Canvas.drawBitmap（Bitmap bitmap, Matrix matrix, Paint paint）
        Matrix に設定した拡大・縮小率，表示位置に従って描画する。
    Canvas.drawBitmap（Bitmap bitmap, Rect src, Rect dst, Paint paint）
        bitmap から src の範囲を切り取り，描画先の dst の範囲に描画する。

6 ギャラリーアプリを作る

本章では，以下の技術を解説する。
- 明示的インテント
- プリファレンス
- 動的な画面生成
- 外部ファイルへのアクセス

6.1 サンプルアプリの確認

今回のサンプルアプリは，「Sample 4」である。実行すると，図 6.1 の画面

図 6.1　Sample 4 の実行画面（1）

が表示される。画面右下のカメラボタンを押すとカメラアプリが起動され，撮影が終了すると**図6.2**の画面が表示される。メモを入力して保存すると，**図6.3**のように撮影した写真が表示される。

図6.2 Sample 4 の実行画面（2）

図6.3 Sample 4 の実行画面（3）

また，初期設定では6枚まで1ページに表示され，2ページ目以降は画面をスワイプすると表示できる。1ページ当りに表示する枚数は，画面右上の設定

ボタンから編集できる。

6.2 リソースファイルの解説

6.2.1 レイアウトファイルの複数管理

今回のアプリでは画面が複数存在するため，レイアウトファイルも複数となっている。また，詳細な方法は後述するが画面の一部をレイアウトファイルで定義しておき，プログラム内から利用する方法も存在するため，レイアウトの一部を定義したファイルも今回は存在している。

本サンプルアプリで使用されているレイアウトファイルとその利用先の一覧を**表6.1**に示す。

表6.1 Sample 4 に使用されているレイアウトファイルとその利用先の一覧

ファイル名	内容
activity_main.xml	初期画面。撮影画像の一覧を表示するページ。
activity_detail.xml	撮影後，撮影済みデータの詳細ページ。
config_popup.xml	設定ボタンをクリックしたときに表示されるダイアログの内容。
picture_block.xml	撮影画像の一覧を表示する際に用いる，1画像分のレイアウト。

6.2.2 Android 標準以外の View を使用する

いままでレイアウトファイルには TextView や Button，RelativeLayout などを使用してきたが，これらはプログラム内でも参照しているとおり，ただのクラスである。View として利用できるインタフェースを備えたクラスであれば，Android 標準の View 以外も同様に利用することができる。

一覧画面となる「activity_main.xml」には今回は初期設定で読み込まれている Android Support Library により提供される，ViewPager を使用している。ViewPager はページの管理に必要な処理をサポートする View である。ただし，この ViewPager は Android 標準ではないため，利用時には下記のようにパッケージ名も含めたフルパスで設定する必要がある。

6.2 リソースファイルの解説　　　97

```
<android.support.v4.view.ViewPager
    android:id="@+id/PictureArea"
    android:layout_width="match_parent"
    android:layout_height="match_parent"/>
```

要素のクラス名をフルパスで指定する以外は通常の View と同じように扱うことができる。

6.2.3 LinearLayout

3 章で複数の View をレイアウトする方法として RelativeLayout を紹介したが，同様にレイアウトを担う View に「LinearLayout」が存在する。

「activity_detail.xml」を開くと，LinearLayout が使用されていることがわかる。LinearLayout は一方向に View を並べる際に使用する要素で，単純なレイアウトであれば RelativeLayout を使用するより手軽にレイアウトを構成することができる。

RelativeLayout と比べた際のメリットは，比率を指定して View を配置できることである。例えば，View を三つ均等な幅で並べるといったレイアウトは RelativeLayout では実現することができない。

反対に，デメリットは縦，もしくは横に View を並べることしかできないことから，複雑なレイアウトを作成しようとすると LinearLayout の入れ子が発生することになり，レイアウトファイルが冗長になるのに加え，パフォーマンスも低下する可能性がある。

LinearLayout の子要素を縦に並べるか横に並べるかは，LinearLayout の android:orientation 属性の値により設定する。縦方向に並べる場合は vertical，横方向に並べる場合は horizontal を指定する。

```
android:orientation="vertical"
android:orientation="horizontal"
```

LinearLayout の子要素サイズを比率で指定する際は，各子要素に

android:weight 属性を指定する。「activity_detail.xml」の 38 〜 64 行目では，子の Button 要素それぞれに android: layout_weight="1" が指定してあるため，すべて均等に 1：1：1 のサイズで表示されるようになっている。

また，LinearLayout と android: layout_weight 属性の特殊な使用法として，22 〜 29 行目の ImageView のような使い方がある。この ImageView は高さが 0 dp となっているため，表示されないように見える。しかし，同階層ではこの ImageView だけ android:layout_weight="1" が設定されているため，ほかの weight は 0 扱いとなる。

この場合，親 LinearLayout の余りとなった領域がすべて ImageView に割り当てられる。そのため，最終的なレイアウトとして ImageView 以外は最低限の高さ（wrap_content），ImageView は最大サイズで表示されることとなる。

あまり直感的ではないが，覚えておくと便利なテクニックの一つである。ただし，RelativeLayout でも同様のレイアウトは再現できるため，どちらを使用するかは適宜選ぶ必要があるだろう。

6.3 AndroidManifest の解説

今回はアプリ内で画面遷移が存在するため Activity が複数存在する。いままでは画面として MainActivity だけを使用してきたが，今回は詳細画面用の DetailActivity も作成している。

Activity を画面に表示するためにはクラスを新しく作るだけでなく，AndroidManifest にも追加する必要がある。これを忘れて追加した Activity を開こうとすると，例外が発生してアプリが強制終了してしまう。

追加の Activity は application 要素の下に追加する。本サンプルアプリの 24 〜 26 行目が定義箇所になる。MainActivity の方は初期画面であることを示すために intent-filter 要素を追加しているが，2 画面以降は事情がない限り activity 要素への属性設定だけで定義可能である。

```
<activity
    android:name=".DetailActivity"
    android:screenOrientation="landscape"/>
```

また，今回は MainActivity，DetailActivity ともに android:screenOrientation="landscape" を指定することで，画面を横向き固定にしている。

6.4 プログラムの解説

プログラムは「java」ディレクトリ内にパッケージ「biz.answerlead.sample4」として作成した。今回は「MainActivity.java」，「DetailActivity.java」，「ImageLoader.java」，「PictureData.java」の4ファイルとなっている。

6.4.1 ファイルへのデータ保存

最初に，今回使用するデータの管理クラスとなる PictureData クラスを解説しておく。

今回，PictureData クラスには Serializable インタフェースを実装している。

○ PictureData.java – 18 行目

```
public class PictureData implements Serializable
```

Serializable インタフェースによるデータのシリアライズは Android 固有のものではないため詳細は割愛するが，簡単に説明するとインスタンスをバイト配列に整形してデータのやり取りを容易にする仕組みである。Android 上でのデータ管理においても，シリアライズ可能なクラスを用意することでデータのやり取りを簡略化することが可能である。

○ PictureData.java – 36 〜 39 行目

```
public PictureData() {
    this.date = new Date();
```

```
        this.memo = "";
    }
```

PictureDataには撮影日時を示すDate型の変数dateと，書いたメモを格納するString型の変数memoを用意した。コンストラクタでは，dateを現在時刻に初期化し，memoを空文字列としている。

○ PictureData.java – 42〜44行目

```
    public String getDateText() {
        return DATE_FORMAT_FOR_DISPLAY.format(date);
    }
```

時刻を表示するためのメソッドとして，getDateTextメソッドを用意した。定数で定義したDateFormatにより，「年／月／日 時：分：秒」の形式で文字列を返却する。

○ PictureData.java – 47〜49行目

```
    private String getDataFileName() {
        return DATE_FORMAT_FOR_FILE_NAME.format(date);
    }
```

この撮影データに対応するユニークなファイル名として，今回は撮影時刻を使用する。

○ PictureData.java – 52〜54行目

```
    public File getPictureFile(Context context) {
        return new File(context.getExternalFilesDir(null),
            getDataFileName() + ".jpg");
    }
```

この撮影データに対応する画像のファイルパスを取得するメソッドとして，getPictureFileメソッドを作成した。ContextのgetExternalFilesDirメソッドでSDカード上のファイル保存先を取得し，そこに時刻を名前としたファイルパスを作成している。

getExternalFilesDir メソッドも，前章で紹介した getExternalCacheDir と同じくアプリごとに固有の領域が確保されるため，ほかのアプリとの衝突は気にせず利用することができる。

○ PictureData.java – 57 ～ 76 行目（抜粋）

```
public boolean save(Context context) {
    try {
        FileOutputStream fos = context.openFileOutput(
            getDataFileName(),
            Context.MODE_PRIVATE
        );
        ObjectOutputStream oos = new ObjectOutputStream(fos);
        oos.writeObject(this);
        oos.close();
        return true;
    } catch (IOException e) {
        e.printStackTrace();
    }
    return false;
}
```

撮影データとして，このクラスのインスタンスを保存するメソッドを作成した。まず，アプリ固有の領域にファイルを保存する際は Context.openFileOutput メソッドを使用する。第1引数にはファイル名，第2引数にはこのファイルにほかのアプリからアクセスできるかどうかの設定を行う。

今回はファイル名に時刻，第2引数に MODE_PRIVATE を指定しているため，時刻ごとの撮影データを，ほかのアプリから操作できない設定で保存する，といった動作になる。

開いた FileOutputStream は通常のファイルを開いたときと同様に使用できるため，今回は ObjectOutputStream でラップして，Serialize 可能なクラスである自身のインスタンスを書き込んで完了としている。

○ PictureData.java –79 ～ 98 行目（抜粋）

```java
    public static PictureData load(Context context, String name) {
        try {
            FileInputStream fis = context.openFileInput(name);
            ObjectInputStream ois = new ObjectInputStream(fis);
            PictureData data = (PictureData) ois.readObject();
            ois.close();
            return data;
        } catch (IOException | ClassNotFoundException e) {
            e.printStackTrace();
        }
        return null;
    }
```

saveメソッドと対になる，保存したデータを読み出すloadメソッドを作成する。流れはsaveメソッドとほぼ同様で，Context.openFileInputでFileInputStreamを開き，ObjectInputStreamでラップしてreadObjectメソッドでオブジェクトを復元するだけである。

○ PictureData.java – 101 ～ 110 行目（抜粋）

```java
    public boolean delete(Context context) {
        File this_file = new File(
            context.getFilesDir(), getDataFileName());
        File picture_file = getPictureFile(context);
        return this_file.delete() && picture_file.delete();
    }
```

最後に，削除メソッドである。削除は，画像ファイルと自身の保存ファイルの削除となる。削除処理は標準のdeleteメソッドを使用している。

6.4.2 明示的インテントの発行

まずはカメラで画像を撮影した後，別画面に遷移する流れについて解説する。復習も兼ねて，すでに紹介したクラスやメソッドなどについても触れていく。

○ MainActivity.java - 57 行目

```
findViewById(R.id.LaunchCameraButton).setOnClickListener(this);
```

onCreate メソッドから順に見ていく。

レイアウトからカメラボタン部分の View を取得し，それに対しクリックイベントを設定している。onCreate メソッドではほかにもさまざまな初期化を行っているため，フローチャートを示しておく（**図 6.4** 参照）。

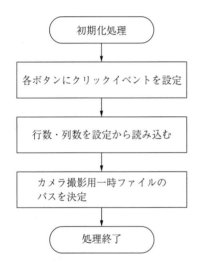

図 6.4 MainActivity クラスの onCreate メソッドのフローチャート

○ MainActivity.java - 155 〜 157 行目

```
Intent intent_camera = new Intent(MediaStore.ACTION_IMAGE_CAPTURE);
intent_camera.putExtra(MediaStore.EXTRA_OUTPUT, Uri.fromFile(temp_
    file));
startActivityForResult(intent_camera, FILE_SELECT_CODE);
```

カメラボタンをクリックされた際の処理は onClick メソッドに定義している。カメラを起動する暗黙的インテントを発行している。前章のサンプルと同じく，出力先に一時ファイルを指定している。onCreate メソッドと同様，onClick メソッドではほかの処理も行っているため，フローチャートを示して

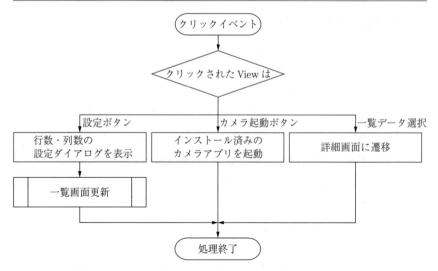

図 6.5 MainActivity クラスの onClick メソッドのフローチャート

おく（**図 6.5** 参照）。

○ MainActivity.java - 183 〜 186 行目

```
Intent intent = new Intent(
    this.getApplicationContext(), DetailActivity.class);
intent.putExtra("file", temp_file);
intent.putExtra("is_new", true);
startActivity(intent);
```

カメラでの撮影が完了すると onActivityResult メソッドが呼び出される。正常に選択された際の処理は以下のとおりである（**図 6.6** 参照）。

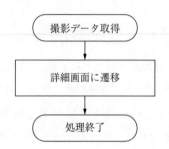

図 6.6 MainActivity クラスの onActivityResult メソッドのフローチャート

ここで，Intent のコンストラクタに Context とクラスを指定しているが，これが明示的インテントである。Context には Activity 自身か，もしくは getApplicationContext で得られる Application のものを指定するが，Context は指定したクラスが動作するベースとなるため，通常は Application 側の Context を指定する。

また，今回は putExtra を使用して撮影されたファイルの情報と，新規撮影かどうかを示す値を Intent に格納している。データを格納する際のキーは遷移先である DetailActivity に定数として定義してある。

Intent の作成が終わったら発行を行うが，今回は戻り値が不要なため startActivity メソッドを使用する。Intent の発行が完了すると，DetailActivity が起動される。

6.4.3　Intent からの情報の読出し

明示的インテントにより Activity を起動した場合も，通常どおり onCreate メソッドから実行される。続いて，DetailActivity クラスの onCreate メソッドを確認していく。onCreate メソッドのフローチャートを図 6.7 に示しておく。

○ DetailActivity.java – 46 ～ 54 行目（抜粋）

```
Intent intent = getIntent();
is_new = intent.getBooleanExtra(INTENT_KEY_IS_NEW, false);
if (is_new) {
    data = new PictureData();
    file = (File) intent.getSerializableExtra(INTENT_KEY_FILE);
    findViewById(R.id.DeleteButton).setEnabled(false);
}
```

前項で Intent へ設定した値は，getIntent メソッドで取得した Intent に対し，型に応じた get メソッドを使うことで読み出すことができる。プリミティブ型以外にも，今回使用している PictureData や，File クラスなどの Serializable インタフェースを実装したクラスであればインスタンスのやり取りを行うことが

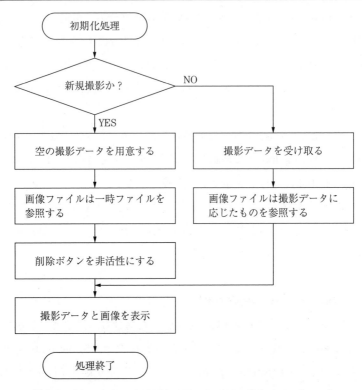

図 6.7 DetailActivity クラスの onCreate メソッドのフローチャート

できる。

新規撮影時は PictureData が存在しないため新規データとしてコンストラクタで作成し，画像ファイルは渡されたファイルを参照するようにしている。

また，新規撮影時は削除ボタンも非活性にしている。

○ DetailActivity.java - 64 〜 76 行目（抜粋）

```
((TextView) findViewById(R.id.DateTextView))
    .setText(data.getDateText());
((EditText) findViewById(R.id.MemoEditText))
    .setText(data.memo);

findViewById(R.id.CancelButton).setOnClickListener(this);
findViewById(R.id.DeleteButton).setOnClickListener(this);
```

6.4 プログラムの解説 107

```
findViewById(R.id.SaveButton).setOnClickListener(this);

Bitmap bitmap = ImageLoader.loadBitmap(
    file, PICTURE_WIDTH, PICTURE_HEIGHT);
((ImageView) findViewById(R.id.DetailImage)).setImageBitmap(bitmap);
```

ここでは読み込んだ写真，撮影日時の表示や，イベントの設定などを行っている。詳細画面のレイアウトには削除ボタンも存在するが，新規撮影時には不要なためメンバ変数 is_new の値によって非活性にする処理も行っている。

画像読込み処理には今回のアプリ用に作成された ImageLoader の loadBitmap メソッドを使用しているが，このメソッドの内容は前章の画像読込み処理とほぼ同様である。差異としては，今回はファイルパスが得られることからライブラリではなく Android 標準の ExifInterface クラスで Exif を読ん

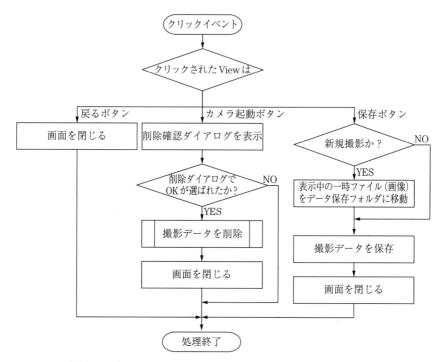

図 6.8　DetailActivity クラスの onCreate メソッドのフローチャート

でいる点だけである。

続いて，キャンセルボタン，削除ボタン，保存ボタンそれぞれの処理について確認する。あらかじめこれらのクリックイベントのフローチャートを図6.8に示しておく。

○ DetailActivity.java - 85 〜 89 行目

キャンセルボタンをクリックしたときの処理だが，finish メソッドを使用している。finish メソッドは Activity クラスのメソッドで，その名のとおりActivity を終了する際に使用する。finish メソッドを実行すると Android 端末の戻るボタンを使用したときと同様の動作となる。

○ DetailActivity.java - 92 〜 111 行目（抜粋）

```
AlertDialog.Builder builder = new AlertDialog.Builder(this);
    builder.setTitle(R.string.confirm);
    builder.setMessage(R.string.delete_message);
    builder.setNegativeButton(R.string.cancel, null);
builder.setPositiveButton(R.string.ok,
        new DialogInterface.OnClickListener() {
        @Override
        public void onClick(DialogInterface dialog, int which)
        {
            ...
        }
});
builder.create().show();
```

削除ボタンクリック時は，確認ダイアログを表示した後に削除を行う処理となっている。削除処理は PictureData.delete メソッドを呼んで画面を閉じているだけなので，ここではダイアログの表示について解説する。

ダイアログの表示には AlertDialog クラスが必要となるが，AlertDialog の生成には Builder を使用する。Builder には AlertDialog の内容を設定するためのメソッドがいくつか存在するが，その中で今回使用しているものを紹介する。

- AlertDialog.Builder.setTitle メソッド

ダイアログのタイトルを設定する。引数にはリソース ID, もしくは文字列を指定する。

- AlertDialog.Builder.setMessage メソッド

ダイアログの本文を設定する。引数にはリソース ID, もしくは文字列を指定する。

- AlertDialog.Builder.setNegativeButton メソッド

ダイアログに否定的な意味合いを持つボタン（通常はキャンセルボタン）を追加する。第1引数に表示文言, 第2引数に選択時のイベントを設定する。イベントの定義には, DialogInterface.OnClickListener インタフェースを実装したクラスを使用し, onClick メソッドに処理内容を定義する。選択時のイベントが不要な場合は, null でよい。

- AlertDialog.Builder.setPositiveButton メソッド

ダイアログに肯定的な意味合いを持つボタン（通常は OK ボタン）を追加する。引数は setNegativeButton と同様。

上記メソッドにより表示する内容を設定し, create メソッドを実行すると AlertDialog のインスタンスを得ることができる。作成した AlertDialog のインスタンスに show メソッドを実行しないと表示されないため, 忘れることのないよう注意したい。

○ DetailActivity.java - 114 〜 142 行目

保存ボタンクリック時の処理を解説する。まず, 新規撮影時は撮影データの入った一時ファイルを所定の位置に移動する必要がある。移動先のパスは, PictureData クラスの getPictureFile メソッドによって取得している。

その後は新規撮影時, 編集時ともに EditText に入力された内容をメモとして保存し, 画面を閉じている。

6.4.4 プリファレンス

前項までで写真を撮影するまでの流れを説明したが, それらの一覧表示の前に行数・列数の読出し・保存処理について解説する。

データの保存については6.4.1項で説明したとおり外部ファイルに保存する方法で行うこともできるが，保存内容が単純な場合（String, Int, Long, Float, Boolean, Set<String>の6種類）は「プリファレンス」という仕組みを使用してより簡単にデータの保存が可能である。

今回は，設定項目の列数と行数がそれぞれint型であるため，プリファレンスを使用して管理することとする。プリファレンスに保存されたデータは，ほかのアプリからアクセスできない領域にファイルとして保存される。これにより，アプリを再起動した際にも前回の値を取得することができるようになっている。

まずは，プリファレンスからデータを読み込む手順を解説する。

○ MainActivity.java – 60 〜 62 行目

```
SharedPreferences pref = getPreferences(MODE_PRIVATE);
column_num = pref.getInt("column_num", DEFAULT_COLUMN_NUM);
row_num = pref.getInt("row_num", DEFAULT_ROW_NUM);
```

プリファレンスを読み込む場合は，getPreferencesメソッドを使用する。このメソッドにはオーバロードが存在し，開くモードを指定するだけのgetPreferences（int mode）と，複数のプリファレンスを扱うためのgetPreferences（String name, int mode）が存在する。今回は行数・列数の保存にだけプリファレンスを使用するため，名前の指定は省略している。

getPreferencesメソッドにより取得したプリファレンスからは，6種類のgetメソッドでそれぞれ対応したデータを取り出すことができる。今回は行数・列数ともにint型であるため，getIntメソッドを使用している。getメソッドには保存時に指定したキーと，データが存在しない場合の初期設定値を指定する。

今回は保存時のキーは変数名と同じものを使用することとし，初期設定値は行数を2，列数を3とした。

つぎに，プリファレンスへデータを保存する処理について解説する。

○ MainActivity.java – 97 〜 149 行目

設定ボタンをクリックしたときの処理だが，まず設定ダイアログを表示する処理を解説する。ダイアログの表示には 6.4.3 項で説明した AlertDialog を使用するが，今回は列数と行数の入力ボックスを用意する必要がある。そこで今回は，LayoutInflater というクラスを使用して入力ボックスを生成する。

```
final View view = getLayoutInflater().inflate(
    R.layout.config_popup, null);
```

まず，Activity の getLayoutInflater メソッドで LayoutInflater のインスタンスを取得する。このインスタンスが持つ inflate メソッドにレイアウトのリソース ID と親階層の View を与えると，そのレイアウトに定義された View をインスタンス化することができる。また，第 2 引数の親階層 View は追加先の View が判明している場合だけ使用し，不明な場合は null でかまわない。

LayoutInflater を使用して生成した View から任意の View を取得したい場合は，生成した View に対して findViewById メソッドを実行する。

```
((EditText) view.findViewById(R.id.RowEditText))
    .setText(String.valueOf(row_num));
```

作成した View は，AlertDialog.Builder の setView メソッドを使用して追加する。追加した View は本文とボタンの間に表示される。

```
builder.setView(view);
```

builder に設定した OK ボタンクリック時の処理を確認する。LayoutInflater により生成した EditText からも，通常どおりデータが得られることがわかるだろう。入力された行数・列数はそれぞれメンバ変数の row_num と column_num 変数に格納している。

```
String row_text = ((EditText)view.findViewById(R.id.RowEditText))
    .getText().toString();
String column_text = ((EditText)view.findViewById(R.id.ColumnEditText))
```

```
        .getText().toString();
row_num = Math.max(Integer.parseInt(row_text), 1);
column_num = Math.max(Integer.parseInt(column_text), 1);
```

行数・列数が変更されたため，これらをプリファレンスに保存する処理を行う．

```
SharedPreferences pref = getPreferences(MODE_PRIVATE);
Editor editor = pref.edit();
editor.putInt("column_num", column_num);
editor.putInt("row_num", row_num);
editor.apply();
```

プリファレンスの取得は読込み時と同じだが，編集時は edit メソッドを実行して Editor のインスタンスを取得し，それに対し put メソッドを実行することで行う．これも get メソッドと同じく型に応じた 6 種類のメソッドが存在する．

書込みが終わったら，commit メソッド，もしくは apply メソッドを実行する．commit は同期，apply メソッドは非同期でデータの保存を行う．場面に応じて適宜使い分けるとよいだろう．

プリファレンスへの保存処理は以上だが，OK ボタンクリック時の処理の最後に画面更新処理を行っている．なぜ，これで画面が更新されるのかについては，後述する．

```
view_pager.setAdapter(view_pager.getAdapter());
```

6.4.5 動的な画面生成

本項では，撮影したデータを一覧表示する処理を解説する．
○ MainActivity.java - 65 行目

```
view_pager = (ViewPager) findViewById(R.id.PictureArea);
```

6.4 プログラムの解説

あらかじめ，onCreate 内で ViewPager のインスタンスを取得しておく。

○ MainActivity.java - 77 ～ 88 行目（抜粋）

```
String[] file_paths = fileList();
Arrays.sort(file_paths, new Comparator<String>() {
    @Override
    public int compare(String lhs, String rhs) {
        return rhs.compareTo(lhs);
    }
});
view_pager.setAdapter(new PicturePagerAdapter(file_paths));
```

onResume 内で撮影データのファイル一覧を取得し，それらを画面に表示する処理を行う（**図 6.9** 参照）。

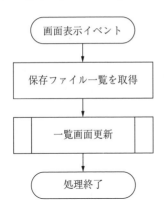

図 6.9 MainActivity クラスの onResume メソッドのフローチャート

fileList メソッドで撮影データのファイル一覧を取得し，それを後述の PicturePagerAdapter クラスのコンストラクタに渡している。また，ファイルの一覧は降順ソートとしている。

今回のサンプルでは画像データとそれに関する撮影データを保存しているが，Activity の fileList メソッドで得られるファイル一覧は端末内部に保存したファイルの一覧であるため，外部領域に保存された画像データは取得されず，撮影データだけ得ることができる。

○ MainActivity.java - 192 ～ 301 行目

ViewPagerのページを構成する際は，PagerAdapterを継承したクラスを使用する。PagerAdapterを継承する際は，abstractであるgetCountメソッド，isViewFromObjectメソッドに加え，通常はinstantiateItemメソッド，destroyItemメソッドを実装する必要がある。

- コンストラクタ

```
public PicturePagerAdapter(String[] file_paths) {
    super();
    this.file_paths = file_paths;
}
```

コンストラクタでは，引数に受け取った表示したいファイルの一覧をメンバ変数に保持している。

- getCountメソッド

```
@Override
public int getCount() {
    int count = (int) Math.ceil((double) file_paths.length
        / (column_num * row_num));
    return Math.max(count, 1);
}
```

getCountメソッドでは，ページ数を返却する必要がある。今回は，データ数を1ページ当りの件数（行数×列数）で除算し，Math.ceilメソッドで切上げを行うことによりページ数を算出している。

データが0件の場合でも，データが存在しないことを表示するため最低1ページは表示するようにしている。

- instantiateItemメソッド

```
@Override
public Object instantiateItem(ViewGroup container, int position)
```

instantiateItemメソッドではページ番号に応じてページを表示する処理を行

う。今回の処理概要を図 6.10 に示す。

instantiateItem メソッドには，ページを表示するためのコンテナの View とページ番号が渡される。ViewGroup クラスは LinearLayout や RelativeLayout,ViewPager などのベースクラスであり，子を含む View が継承しているクラスとなる。実行してみると，変数 container には ViewPager のインスタンスが格納されていることがわかる。

なお，ViewPager の性質上追加できるのは 1 要素だけである。そのため，

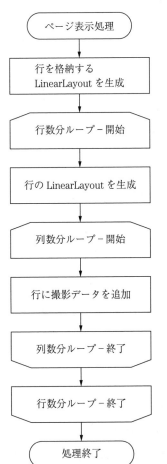

図 6.10 PictureAdapterPager クラスの instantiateItem メソッドのフローチャート

ViewPager にはまず LinearLayout などを追加し，さらにそこに追加したい要素を追加していくことになる。

まずはデータがある場合の処理から確認していく。

```
LinearLayout lines = new LinearLayout(MainActivity.this);
```

最初に LinearLayout を動的に生成している。どのような View も Context を渡すことでインスタンスを生成することができる。この状態では XML で設定していたような各属性が設定されていないため，属性の設定もプログラム側で面倒を見る必要がある。

```
lines.setOrientation(LinearLayout.VERTICAL);
lines.setWeightSum(row_num);
ViewGroup.LayoutParams lp = new ViewGroup.LayoutParams(
    ViewGroup.LayoutParams.MATCH_PARENT, LayoutParams.MATCH_PARENT);
container.addView(lines, lp);
```

setOrientation メソッドと setWeightSum メソッドで子の並び方向と重みの合計値を設定している。

初期設定では重みの合計値は子に設定された重みの合計値となるが，このように任意に設定することもでき，その場合は LinearLayout のサイズに対して子のサイズが決定されることとなる。例えば，重みの合計値に 3 を設定し，子が重み 1 の要素であった場合は，子の数に関係なく 1/3 サイズでレイアウトされることになる。XML では，android:weightSum 属性で設定可能である。

また，横幅と縦幅についての設定（レイアウトパラメータ）は LayoutParams クラスを使用して設定する。コンストラクタの引数には横幅と縦幅を指定するが，ピクセル数，もしくは LayoutParams に定義された定数の「MATCH_PARENT」もしくは「WRAP_CONTENT」を指定する。

作成した LayoutParams の設定方法はいくつか存在するが，今回は変数 container にこの LinearLayout を追加する処理の中で併せて設定している。単純に View へ LayoutParams を適用したい場合は View の setLayoutParams メ

ソッドを実行すればよい。

この LinearLayout は，行を縦に並べるために作成した View である。そのため，Orientation は VERTICAL（垂直方向）になり，設定した重みの合計値も行数（row_num）と等しくなっているので縦方向に均等に表示されることになる。

行をまとめる LinearLayout を作成したため，つぎは各行の生成を行っていく。まず，表示するデータの開始インデックスを求める。

```
int index = position * column_num * row_num;
```

ページ番号が引数の position で得られるため，それに対し1ページ当りの件数を乗ずることによって開始インデックスを得ることができる。今回は行をベースにページを構成していくため，まずは行数分のループを開始する。後述の for により二重ループとなるため，break 用にラベルを設定している。

```
ROW:
for (int y = 0; y < row_num; y++)
```

つぎに，行を表す LinearLayout を生成する。生成方法は先ほどとほぼ同様で，今度は横方向を示す HORIZONTAL になり，重みの合計値は列数（column_num）と一致している。

```
LinearLayout line = new LinearLayout(MainActivity.this);
line.setOrientation(LinearLayout.HORIZONTAL);
line.setWeightSum(column_num);
lp = new LinearLayout.LayoutParams(
    ViewGroup.LayoutParams.MATCH_PARENT, 0, 1);
lines.addView(line, lp);
```

また，新しく LinearLayout.LayoutParams が使用されている。特定の ViewGroup に追加することがわかっていて，かつその ViewGroup 独自の属性が必要な場合は，その ViewGroup が持つ LayoutParams を使用する。

LinearLayout.LayoutParams のコンストラクタでは縦横のサイズに加えて重みを引数に指定することができ，今回は先ほど作成した縦方向の LinearLayout である lines に追加するため，重みを 1 として第 3 引数に設定している．

これにより 1 行分の枠組みが完成したため，つぎは各データの追加を行っていく．追加に当たって，つぎは列数分のループを行う．

```
for(int x = 0; x < column_num; x++)
```

つぎに，表示データのインデックスのチェックを行う．後述するが，この変数 index は順次インクリメントして増加していくため，このようなチェックが必要となる．インデックスがデータ件数以上になっていた場合は，二重 for ループから break する．

```
if (file_paths.length <= index) {
    break ROW;
}
```

撮影データを PictureData として取得する．PictureData.load メソッドについては 6.4.1 項で説明したとおりである．つぎの読込みのため，ここで index をインクリメントしている．

```
PictureData data = PictureData.load(
    MainActivity.this, file_paths[index++]);
```

データの取得ができた場合は，1 データ表示用のレイアウトをリソースから読み込んでいる．

```
View picture_block = getLayoutInflater().inflate(
    R.layout.picture_block, line, false);
```

LayoutInflater の概要については 6.4.4 項で解説したとおりだが，今回は inflate メソッドの引数が異なっている．今回，この View は行の LinearLayout に追加することがわかっているため変数 line を指定している．

第2引数を指定した場合は第3引数を指定することができ，trueの場合は第2引数のViewGroupへ追加しつつ戻り値が第2引数のViewとなり，falseの場合は第2引数のViewGroupに適したレイアウトパラメータだけを設定しつつ生成したViewを返却する。いずれにせよ生成したViewはlineに追加したいためtrueを指定したいところだが，戻り値がlineとなってしまうため今回はfalseを指定している。

生成したViewに各属性を設定していくが，Viewには目に見えないタグを設定することができ，ここにどのようなオブジェクトでも紐付けることができる。ここで設定したタグは，getTagメソッドで取得することができる。また，複数のタグを設定したい場合はキーとともにタグを設定するsetTag（int key, Object tag）のオーバロードも存在する。

```
picture_block.setTag(data);
```

つぎに，このViewにクリックイベントを設定する。クリックイベントの内容は後述する。

```
picture_block.setOnClickListener(MainActivity.this);
```

追加したViewから日付とメモの表示領域を取得し，各データを設定している。この処理はDetailActivityの処理とほぼ同様である。

```
((TextView) picture_block.findViewById(R.id.DateTextView))
    .setText(data.getDateText());
((TextView) picture_block.findViewById(R.id.MemoTextView))
    .setText(data.memo);
```

同じように，画像の読込みもDetailActivityと同様の処理で行っている。

```
ImageView image_view = ((ImageView) picture_block
    .findViewById(R.id.ThumbnailImage));
File picture_file = data.getPictureFile(MainActivity.this);
image_view.setImageBitmap(ImageLoader.loadBitmap(
```

```
            picture_file, THUMBNAIL_WIDTH, THUMBNAIL_HEIGHT));
```

 各Viewへの撮影データの反映が終わったら，行に追加する．今回はLayoutInflaterのinflateメソッドの時点でレイアウトパラメータの設定は済んでいるため，addView（View view）メソッドを使用している．

```
    line.addView(picture_block);
```

 戻り値には何らかのオブジェクトを返却するが，後述のisViewFromObjectメソッドのため変数containerに追加した変数linesを返却する．

```
    return lines;
```

 また，データが存在しなかった場合の動作はTextViewを生成して，そのTextViewを変数containerに追加を行い，returnで返却して終了である．TextViewにはデータがない旨のテキストを設定している．

```
    TextView text_view = new TextView(MainActivity.this);
    text_view.setText(R.string.data_nothing);
    container.addView(text_view);
    return text_view;
```

- isViewFromObject メソッド

```
    @Override
    public boolean isViewFromObject(View view, Object object) {
        return view == object;
    }
```

 このメソッドは，ページに設定したViewとinstantiateItemメソッドで返したオブジェクトが引数に渡されて呼び出される．今回はページに設定したViewをそのままinstantiateItemメソッドの戻り値としたため，純粋に同一オブジェクトであるかどうかの検査をすればよい．

- destroyItem メソッド

```
@Override
public void destroyItem(
    ViewGroup container, int position, Object object) {
    container.removeView((View) object);
}
```

ページが破棄される際の処理を定義する。開放処理などがある場合はここに記述するとよいだろう。今回は開放が必要なリソースは存在していないため、変数 container に設定した View（object は instantiateItem メソッドの戻り値）を削除するだけとなっている。

6.4.6 撮影データ選択時の処理

最後に，撮影データを選択した際の処理を解説する。

撮影データを一覧に表示する際に LayoutInflater でインスタンスを取得したレイアウトの picture_block を確認してみると，最上位の RelativeLayout に id として「PictureBlock」が設定されていることがわかる。また，この View には setOnClickListener メソッドでリスナを設定したため，撮影データのクリック時には 160 行目からの処理が実行されることとなる。

○ MainActivity.java – 160 〜 166 行目（抜粋）

```
Intent intent = new Intent(this.getApplicationContext(),
    DetailActivity.class);
intent.putExtra(DetailActivity.INTENT_KEY_DATA,
    (PictureData) v.getTag());
startActivity(intent);
```

intent のインスタンス生成は新規撮影時と同じ方法である。今回は既存の撮影データであるため，撮影した日時やメモの内容を渡す必要があるが，ここであらかじめ設定しておいたタグを読み込んで使用する。

前述のとおり，Intent の putExtra メソッドでは Serializable インタフェースを実装したクラスであれば引数に設定することができるため，タグの

PictureData をそのまま遷移先の画面に渡すことができる．

○ DetailActivity.java – 49 〜 61 行目（抜粋）

```
is_new = intent.getBooleanExtra(INTENT_KEY_IS_NEW, false);
if (is_new) {
    …
} else {
    data = (PictureData)
        intent.getSerializableExtra(INTENT_KEY_DATA);
    file = data.getPictureFile(this);
}
```

既存データ読込み時は INTENT_KEY_IS_NEW に対してデータを設定していないため，変数 is_new に格納されるのは初期設定値の false となる．

PictureData は Intent から getSerializableExtra メソッドにより取得することができるため，変数 data に格納している．また，撮影した画像ファイルも変数 data から getPictureFile メソッドにより得ることができる．以降は新規撮影時と同様である．

演 習 問 題

本章で作ったギャラリーアプリに，一覧画面で写真をロングタップすると，写真をメールアプリや SNS アプリなどのアプリに送信できる機能（共有機能）を実装せよ．

ヒント 1：ロングタップの検知は View の setOnLongClickListener メソッドを使用することにより検知可能である．

ヒント 2：共有するための Intent は，以下のように作成する．

```
Intent intent = new Intent(Intent.ACTION_SEND);
intent.setType("image/jpeg");
intent.putExtra(Intent.EXTRA_STREAM,
    Uri.fromFile( 共有したい File クラスのインスタンス ));
```

7 シューティングゲームを作る

本章では，以下の技術を解説する。
- ビューの継承
- 戻るボタンの制御
- メモリリークの調査

いままでのプログラムはサンプルの側面が強かったのに対し，本章のサンプルは実際に遊ぶことのできるゲームを紹介する。実用例として参考にしてほしい。

7.1 サンプルアプリの確認

今回のサンプルアプリは，「Sample 5」である。実行すると，**図 7.1** の画面が表示される。画面をタッチするとゲームが開始し，**図 7.2** の画面へ遷移する。Android 端末を傾けると自機が移動し，画面をタッチすると弾を撃つことができる。

7.2 リソースファイルの解説

7.2.1 解像度によらない画像リソース

今回の画像リソースは確認してもらうとわかるが，すべてドット絵でできている。このゲーム自体，解像度は 120 × 150 を前提として作られており，それ以上の解像度の端末の場合は拡大して表示している。

 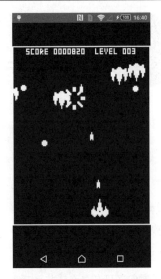

図 7.1　Sample 5 のタイトル画面　　図 7.2　Sample 5 のゲーム画面

　このように，意図的にプログラム内で画像の拡大を行う場合は drawable-nodpi ディレクトリに格納する。drawable-mdpi などのディレクトリに格納してしまうと，mdpi 以外の端末では OS 側で画像自体の拡大・縮小を行ってしまうため，意図した表示を行うことができなくなってしまう。

7.2.2　レイアウトファイルなしのプログラム

　今回はレイアウトファイルが存在しない。プログラム内で動的に画面を生成してアプリを作成することも可能である。実際にどのようにするかは，次節のプログラムの解説で説明する。

7.3　プログラムの解説

　今回のプログラムは，6 章のサンプルと比べてコード量が倍以上となっている。実践的なサンプルということで Android のコードの紹介としては冗長な箇所もあるため，要点をかいつまんで解説する。

クラス数も多いため，あらかじめ本サンプルアプリの簡単なクラス図を載せておく（**図7.3**参照）。

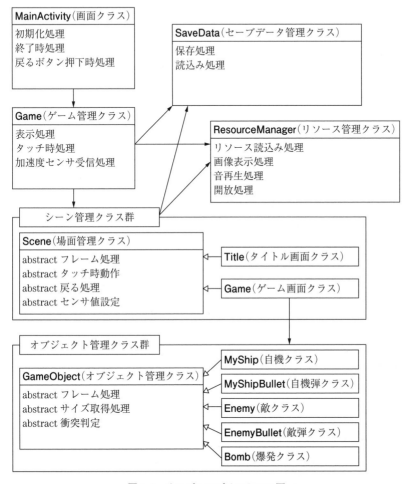

図7.3 サンプルアプリのクラス図

7.3.1 ビューの継承

○ MainActivity.java – 17 ～ 30 行目（抜粋）

```
game = new Game(this);
Display display = getWindowManager().getDefaultDisplay();
game.setTerminalRotation(display.getRotation());
setContentView(game);
```

MainActivityのonCreateメソッドから順に解説していく。処理の概要は**図7.4**のとおりである。

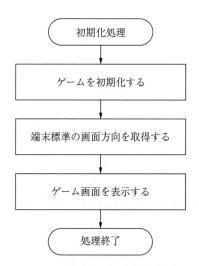

図 7.4　MainActivityクラスのonCreateメソッドのフローチャート

onCreateメソッドでは，ゲーム処理の大部分を担うGameクラスのインスタンス化と，端末標準の画面方向（通常，スマートフォンの場合は縦，タブレットの場合は横）の取得と，作成したGameクラスのインスタンスをsetContentViewで表示する処理を行っている。

setContentViewメソッドはいままでレイアウトのリソースIDを設定してきたが，いくつかオーバロードが存在する。詳細は後述するが，GameクラスはViewを継承しており，setContentViewにはViewを引数に与えることができるため，このようなメソッド呼出しを行うことができている。setContentViewにViewを渡した場合，そのViewを画面に表示することができる。

○ Game.java – 50行目

7.3 プログラムの解説

```
public class Game extends SurfaceView implements
OnTouchListener, SurfaceHolder.Callback, SensorEventListener
```

Gameクラスは，5章で使用したSurfaceViewを継承している。また，OnTouchLisntenerやSurfaceHolder.Callback，SensorEventListenerも実装している。

○ Game.java – 70 〜 84 行目（抜粋）

```
public Game(Context context) {
    super(context);
    sensor_manager = (SensorManager)
        context.getSystemService(Context.SENSOR_SERVICE);
    load();
    getHolder().addCallback(this);
    this.setOnTouchListener(this);
}
```

Gameクラスのコンストラクタを解説する。概要は**図7.5**のとおりである。

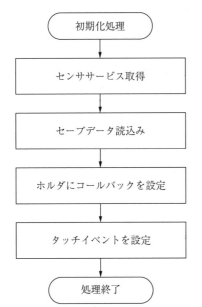

図7.5 Gameクラスのコンストラクタのフローチャート

7. シューティングゲームを作る

Game クラスのコンストラクタで，自身の SurfaceHolder にコールバックを設定したり，自身へのタッチイベントを自身で設定したりしている。View を継承することで，View でありながら自分自身の振舞いを決定することができる。

また，コンストラクタの引数に Context クラスを一つだけ受け取るものを今回は宣言しているが，これとは異なる引数を受け取るようにすると，Android Lint 側から警告が表示されるようになる。

レイアウトのリソースファイルで使用する場合などはインスタンス化の際に呼ばれるコンストラクタが決まっており，つぎのいずれかを宣言しておく必要がある。

- View（Context context）
- View（Context context, AttributeSet attrs）
- View（Context context, AttributeSet attrs, int defStyleAttr）
- View（Context context, AttributeSet attrs, int defStyleAttr, int defStyleRes）

一番下の引数が四つのものは，Lollipop（5.0）で追加されたものとなるため，5.0 未満に対応する際は使用に注意が必要である。上記のいずれかが宣言されていないと Android Lint から警告が表示されるが，明らかにプログラム内からしかインスタンス化しないことがわかっている場合は警告を無視し，まったく別のコンストラクタを用意するのも手段の一つだろう。

○ Game.java – 86 ～ 89 行目（抜粋）

```
public void setTerminalRotation(int rotation) {
    this.rotation = rotation;
}
```

MainActivity.java から呼んでいたメソッドだが，ここで Android 端末の初期設定の向きを保持するようにしている。この値の使用については，後述する。

○ Game.java – 92 ～ 105 行目（抜粋）

```
@Override
```

7.3 プログラムの解説

```
public void surfaceCreated(SurfaceHolder holder) {
    start();
    Sensor sensor = sensor_manager.getDefaultSensor(
        Sensor.TYPE_ACCELEROMETER);
    if (sensor != null) {
        sensor_manager.registerListener(
            this, sensor, SensorManager.SENSOR_DELAY_GAME);
    }
}
```

SurfaceView の準備完了イベントとなる surfaceCreated メソッドでは，ゲーム開始処理とセンサの利用開始処理を行う（**図 7.6** 参照）。

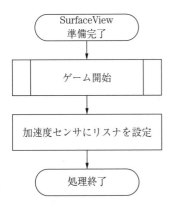

図 7.6 Game クラスの surfaceCreated メソッドのフローチャート

コンストラクタでコールバックを設定したため，画面が表示されると自身に実装した surfaceCreated メソッドが呼ばれる。この中では，ゲーム処理を開始する start メソッドの呼出しと，加速度センサの利用を開始している。

○ Game.java – 108 〜 113 行目（抜粋）

```
@Override
public void surfaceChanged(
    SurfaceHolder holder, int format, int width, int height) {
    setWindowSize(width, height);
}
```

ゲーム画面を適切なサイズで表示するため，現在の SurfaceView 自体のサイ

ズを取得する必要がある。SurfaceView のサイズは，状態変化のイベントとなる surfaceChanged メソッドで取得することができる。このメソッドでは，受け取った画面サイズを保持するメソッドを呼んでいる（**図 7.7** 参照）。

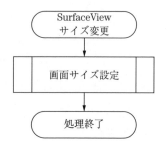

図 7.7 Game クラスの surfaceChanged メソッドのフローチャート

画面サイズは，引数の width と height により受け取ることができる。この値は，後述の setWindowSize に渡している。

○ Game.java – 116 〜 124 行目（抜粋）

```
@Override
public void surfaceDestroyed(SurfaceHolder holder) {
    stop();
    sensor_manager.unregisterListener(this);
}
```

surfaceDestroyed メソッドでは，surfaceCreated メソッドと対になる処理を行う（**図 7.8** 参照）。

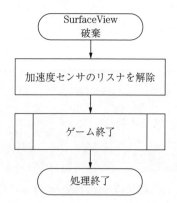

図 7.8 Game クラスの surfaceDestroyed メソッドのフローチャート

7.3 プログラムの解説

ゲームの停止処理を行う stop メソッドの呼出しと，センサのリスナの破棄を行っている。

○ Game.java - 127 〜 150 行目（抜粋）

```
@Override
public boolean onTouch(View v, MotionEvent event) {
    int action = event.getActionMasked();
    switch (action) {
        case MotionEvent.ACTION_DOWN:
        case MotionEvent.ACTION_POINTER_DOWN:
            synchronized (this) {
                scene.setTouch();
            }
            break;
    }
    return true;
}
```

このゲームでは画面タッチ時に画面遷移や弾を撃つ処理を行うため，onTouch メソッドを実装している（**図 7.9** 参照）。

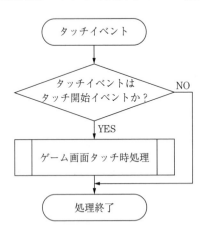

図 7.9 Game クラスの onTouch メソッドのフローチャート

このアプリではタッチ処理に座標は絡まないため，非常にシンプルな処理となっているが，今回はマルチスレッドで処理を行っているため synchronized

ブロックを使用して排他処理を行うようにしている。また，タッチ時の動作は場面ごとに異なるため，場面ごとに用意された Scene クラスの setTouch メソッドを呼び出している。

○ Game.java – 153 〜 184 行目（抜粋）

```
@Override
public void onSensorChanged(SensorEvent event) {
   ...
   switch (rotation) {
      case Surface.ROTATION_0:
         scene.setAcceleration(
            event.values[0], event.values[1]);
         break;
      case Surface.ROTATION_90:
         scene.setAcceleration(
            -event.values[1], event.values[0]);
         break;
      case Surface.ROTATION_180:
         scene.setAcceleration(
            -event.values[0], -event.values[1]);
         break;
      case Surface.ROTATION_270:
         scene.setAcceleration(
            event.values[1], -event.values[0]);
         break;
   }
   ...
}
```

加速度センサの値の処理は onSensorChanged メソッドで行う（**図 7.10** 参照）。

センサの値を受け取った際の onSensorChanged イベントだが，ここで端末標準の画面方向により加速度センサの X/Y の値をどのように使うか決定している。

今回，ゲーム画面はスマートフォン，タブレットに関係なく縦画面で表示さ

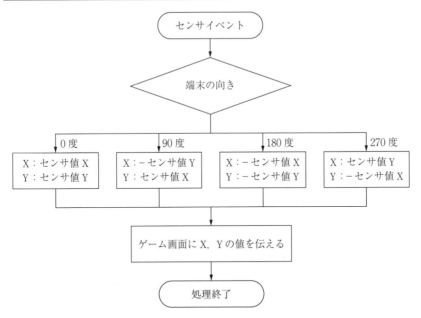

図 7.10 Game クラスの onSensorChanged メソッドのフローチャート

れる仕様となっている。しかし，センサの値は，スマートフォンの場合は縦画面，タブレットの場合は横画面を基準として算出されてしまう。そのため，センサから得られる X，Y を使用する場合は，このように端末の向きによって適宜使用方法を検討する必要がある。

○ Game.java - 214 〜 224 行目（抜粋）

```
public void start() {
    resource_manager.load(getContext());
    game_thread = new GameThread();
    game_thread.start();
}
```

続いて，ゲーム開始メソッドとなる start メソッド（**図 7.11** 参照）の解説を行う。

start メソッドでは，各リソースの読込み，ゲームスレッドの開始を行って

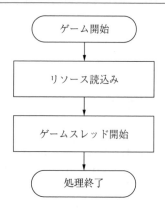

図 7.11 Game クラスの start メソッドのフローチャート

いる。ゲームスレッドの処理内容については後述する。

○ Game.java – 226 〜 237 行目（抜粋）

```
public void setWindowSize(int width, int height) {
    scale = width * HEIGHT > WIDTH * height ?
        (float) height / HEIGHT : (float) width / WIDTH;
    margin_left = (int) ((width - WIDTH * scale) / 2);
    margin_top = (int) ((height - HEIGHT * scale) / 2);
}
```

ゲーム画面を画面中央に表示するための計算を行う setWindowSize メソッドを解説する（**図 7.12** 参照）。

ImageView では scaleType の fitCenter を使用することで中央に最大サイズ

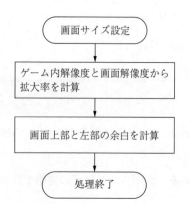

図 7.12 Game クラスの setWindowSize メソッドのフローチャート

で画像を表示することが可能であったが，SurfaceView にはそのような機能がないため，自前で中央に表示するための位置調整や拡大率の計算を行う必要がある。

変数 scale にはゲーム自体の解像度（120 × 150）を画面に表示するための拡大率が格納される。また，変数 margin_left と margin_top には拡大後の左端と上端の余白幅が格納される。

○ Game.java – 240 〜 250 行目（抜粋）

```
public void stop() {
    game_thread.interrupt();
    game_thread = null;
    resource_manager.release();
}
```

ゲームを停止するための stop メソッド（**図 7.13** 参照）を解説する。

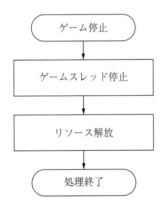

図 7.13 Game クラスの stop メソッドのフローチャート

stop メソッドは start メソッドと反対で，ゲームスレッドの停止とリソースの解放を行っている。

○ Game.java – 253 〜 261 行目（抜粋）

```
public boolean onBack() {
    synchronized (this) {
        return scene.onBack();
```

        }
    }

　onBack メソッドは，戻るボタンがタッチされた際に MainActivity から呼び出されるメソッドとなる（**図 7.14** 参照）。

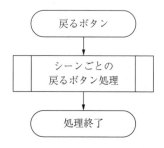

図 7.14 Game クラスの onBack メソッドのフローチャート

　戻るボタンの動作はゲーム中であればタイトル画面へ，タイトル画面の場合はアプリ終了へ，というように画面ごとに処理が異なるので，各画面に応じた処理を行うようにしている。なお，呼出し元の MainActivity の処理は後述するが，ここで true を返すかどうかで画面を閉じるかどうかが決定されるよう実装している。

○ Game.java – 263 ～ 350 行目（抜粋）

```java
Canvas canvas = getHolder().lockCanvas();
if (canvas != null) {
    canvas.translate(margin_left, margin_top);
    canvas.scale(scale, scale);
    canvas.drawColor(Color.BLACK);
    canvas.clipRect(0, 0, Game.WIDTH, Game.HEIGHT);
    synchronized (Game.this) {
        scene = scene.run(canvas, resource_manager);
    }
    Paint paint = new Paint();
    paint.setColor(Color.WHITE);
    paint.setStyle(Style.STROKE);
    paint.setStrokeWidth(2.0f);
    canvas.drawRect(0, 0, Game.WIDTH, Game.HEIGHT, paint);
```

```
        getHolder().unlockCanvasAndPost(canvas);
}
```

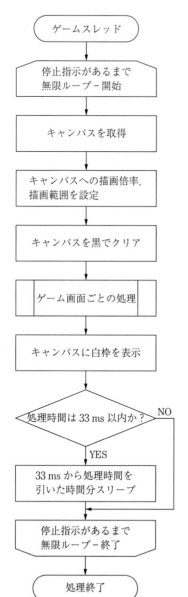

図 7.15 GameThread クラスの run メソッドのフローチャート

GameThread クラスは Thread クラスを継承しており，ゲーム処理を行うスレッドとなる。ゲーム停止処理が行われるまで無限ループを行う仕組みとなっている（**図 7.15** 参照）。

SurfaceHolder に対して lockCanvas メソッドを実行して Canvas を取得する点，最後に SurfaceHolder の unlockCanvasAndPost メソッドを実行して Canvas を反映させる点は 5 章の内容と同じである。

今回は描画範囲の設定に，Canvas の translate メソッド，scale メソッド，clipRect メソッドを使用している。それぞれ，座標基点の移動，座標の拡大・縮小，描画範囲外の保護の役割を果たしている。

そのつぎは synchronized キーワードによる排他処理を行いつつ，1 フレーム分の動作を行う。そして，最後に drawRect メソッドで外枠の白線を引き，描画処理は終了である。

このように View を継承したクラスを実装すると，Activity を意識せずにプログラムを組むことができる。もちろん Activity に SurfaceView のインスタンスを生成して，そのインスタンスを操作するような方法でも動作に変わりはないが，View の内容は View に任せることがオブジェクト指向プログラミングとしてはスマートかと思われる。

7.3.2　リソースから Bitmap を生成する

このゲームにはいくつかの画像リソースが使用されていることはすでにリソースの節で説明したとおりだが，Canvas に画像を描くためには Bitmap クラスのインスタンスが必要となる。

○ ResourceManager.java – 63 ～ 87 行目（抜粋）

```java
public void load(Context context) {
    Resources resources = context.getResources();
    addBitmap(resources, R.drawable.font);
    ...
}
```

```
    private void addBitmap(Resources resources, int resource_id) {
        Bitmap bitmap = BitmapFactory.decodeResource(
            resources, resource_id);
        loaded_bitmap_list.append(resource_id, bitmap);
    }
```

リソース ID から Bitmap を取得するのは非常に簡単である。Context から getResources メソッドで Resources クラスのインスタンスを取得し，そのインスタンスとリソース ID を BitmapFactory.decodeResource メソッドに渡すだけである。

取得した Bitmap をいかに Canvas と組み合わせるかは，クラス設計の話となるので割愛する。今回は生成した Bitmap をすべてこのクラス内に保持し，Canvas を受け取って指定座標に描画するメソッドを実装することで，画面への描画を行っている（draw メソッドなど）。

7.3.3 アプリの終了を検知する

○ MainActivity.java - 33 〜 39 行目（抜粋）

```
    @Override
    protected void onDestroy() {
        super.onDestroy();
        game.save();
    }
```

データの保存やリソースの破棄など，Activity の終了時に処理を行いたいことがあるだろう。その場合，Activity の onDestroy イベントを使用する。今回はこのメソッドでデータ（ハイスコア）の保存を行っている（**図 7.16** 参照）。

保存処理は Game クラスの save メソッドを呼び出すことで行っている。onDestroy メソッドはメインスレッドでの処理となるため，処理の負荷については注意すること。

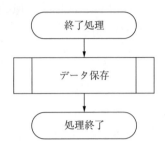

図 7.16　MainActivity クラスの onDestroy メソッドのフローチャート

7.3.4　戻るボタンのイベントをつかむ

戻るボタンの初期設定の動作は，いま表示している Activity を閉じて前画面に戻ることである。通常はこの動作で問題ないが，場合によってはその前にダイアログを出すなどの処理を行いたいこともあるだろう。さらに，今回のようなゲームの場合は SurfaceView の上で仮想的に画面を切り替えているだけなので，Activity がいきなり終了してしまっては困るという事情もある。

〇 MainActivity.java - 43 〜 56 行目（抜粋）

```
@Override
public boolean onKeyDown(int keyCode, KeyEvent event) {
    if (keyCode == KeyEvent.KEYCODE_BACK) {
        if(!game.onBack()){
            return false;
        }
    }
    return super.onKeyDown(keyCode, event);
}
```

キー操作は，Activity の onKeyDown メソッドをオーバライドすることでキャッチすることができる（**図 7.17** 参照）。

引数にキーコードが渡されるため，これと KeyEvent クラスに定義された定数と比較することで戻るボタンを検知することができる。初期設定の動作をさせたい場合は，スーパークラスの onKeyDown メソッドを呼べばよい。

プログラムの解説は，以上となる。残りのプログラムについては，すでに紹

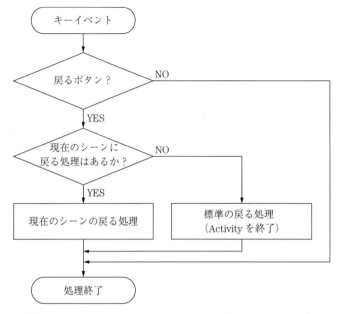

図 7.17 MainActivity の onKeyDown メソッドのフローチャート

介した技術とそれらを扱うためのクラス設計の話となってしまうため，割愛する．本サンプルについてもう少し掘り下げたい読者は，ゲームのカスタマイズに挑戦してみるとよいだろう．

7.4 メモリリークの調査

最後に，メモリリークの調査について紹介する．メモリリークはどのようなアプリでも注意が必要だが，特にゲームのような画像や音声などのリソースを消費するアプリではメモリリークのないよう確認を行う必要がある．

メモリリークの確認は，まずガベージコレクションによりメモリの回収が行われるか確認する．Android Monitor の Memory タブを開くと，青いグラフでメモリの消費量を確認することができる．ガベージコレクションを行うには，画面左にあるトラックのアイコンの「Initiate GC」ボタンをクリックする．問

題がなければ，図7.18のようにメモリ消費量が減少するはずである。

メモリリークはリソースの解放ミスが原因であることが大半であるため，実際にテストを行う際は画面切替えなどのリソースの解放が発生すべき処理を何度か発生させて，メモリの消費量を確認していくのがよいだろう。

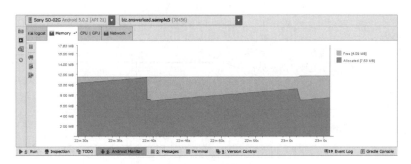

図7.18 メモリ消費量の確認

ここで，メモリの消費量がガベージコレクションでもあまり減らない場合はメモリリークが発生している可能性がある。その場合，メモリリークの原因となっているオブジェクトを調べる必要があるが，そのためには「Initiate GC」ボタンの一つ下にある「Dump Java Heap」ボタンをクリックする。しばらくすると，図7.19の画面が表示されるだろう。

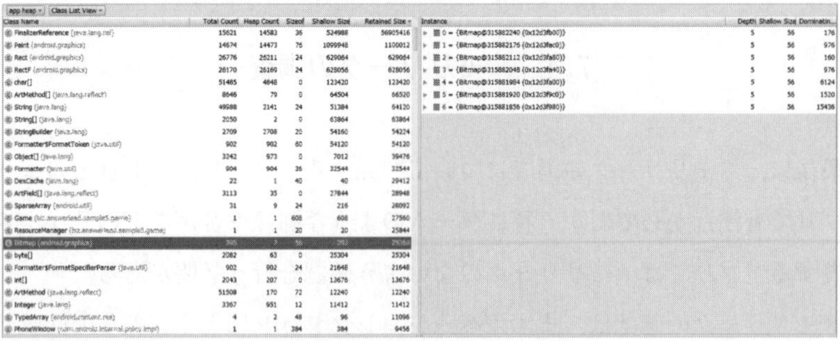

図7.19 ヒープのダンプ結果

この結果から，ヒープ上に何のインスタンスがどれだけあるかを確認することができる。今回のサンプルアプリにメモリリークはないが，PaintやRectな

どのインスタンスが非常に多いことがわかる．これは，毎フレームでインスタンス化を行っているためである．

インスタンスの使い捨てを繰り返すのはガーベジコレクションを頻発させる原因にもなるため，速度にシビアなゲームを作成する場合は，インスタンスをメンバ変数にするなどして調整していく必要があるだろう．

7.5 APKファイルの作成

7.5.1 APKファイルとは

APKファイルは，Android端末にアプリをインストールする際に使用されるファイルである．開発者以外の端末にインストールする際は，このAPKファイルをインターネット上で公開するか，GoogleのPlayストアにAPKファイルを登録する必要がある．

7.5.2 作成手順

APKの作成手順を解説する．

1) メニューの「Build」から「Generate Signed APK」を選択する．
2) キーストアを作成済みの場合は「Key store path」の「Choose existing…」ボタンをクリックし，3) に進む．未作成の場合は「Create New…」ボタンをクリックし，2)-1 に進む．
2)-1 「New store path」の右にある「…」ボタンから，キーストアのファイル保存先を選択する．今後APKファイルを作成する際に毎回必要となるため，わかりやすい位置に保存するのがよいだろう．
2)-2 一つ目の「Password」にキーストアのパスワードを入力する（Confirmにも同じパスワードを入力する）．
2)-3 「Alias」にはキーの名前を入力する．
2)-4 **表7.1**のとおりに各項目に値を入力する．
2)-5 OKボタンをクリックする．6) に進む．

表 7.1　Sample 4 に使用されているレイアウトファイル一覧

項目名	入力内容
First and Last Name	作成者の名前
Organizational Unit	部署名
Organization	会社名
City or Locality	市区町村
State or Province	都道府県
Country Code	国コード（日本の場合は JP）

3) 「Key store password」にキーストアのパスワードを入力する。

4) 「Key alias」の「…」ボタンをクリックし，キーストア名を選択する。

5) 「Key password」にキーのパスワードを入力する。

6) 「Next」ボタンをクリックする。

7) APK の保存先とビルドタイプを指定して「Finish」ボタンをクリックする。ビルドタイプを特に変更していない場合は，初期設定の「release」のままでよい。

8) しばらく待つと APK の出力が完了し，「Signed APKs generated successfully.」というメッセージのダイアログが表示される。「Show in Explorer (Finder)」をクリックすると，APK の出力先ディレクトリを開くことができる。

以上で APK ファイルの作成は完了である。あとはこの APK ファイルをインターネット上で公開したり，Play ストアで公開したりすることで一般ユーザもアプリをインストールすることができるようになる。本書や世界中の資料を参考に，自分だけのアプリを作成してほしい。

演 習 問 題

① 本章で作ったシューティングゲームでは画面をタッチすると弾が発射される仕様となっているが，画面をタッチしている間，弾が連続で発射される仕様とせよ．
② 敵に体力の概念を追加し，数発まで耐える仕様とせよ．
③ リソースのdrawable-nodpiディレクトリに，現在は未使用の「enemy_red.png」が格納されている．この画像を使用した新しい敵を実装し，何らかの条件により出現するようにせよ．

付　　　録

A.1　Android SDK API 紹介

本書で紹介できなかったクラスも含め，用いる頻度の高いクラスやメソッドを紹介する[2]。最新のドキュメントについては，下記 URL を参照のこと。

　　Package Index | Android Developers
　　　　http://developer.android.com/intl/ja/reference/packages.html

A.1.1　View 関連のクラス

Android の画面を構成する View の一部を紹介する[3]。View の説明や，View のサブクラスについては下記 URL を参照のこと。

　　View | Android Developers
　　　　http://developer.android.com/intl/ja/reference/android/view/View.html

- TextView
  文字列を表示するための View。
- ImageView
  画像を表示するための View。
- Button / ImageButton
  タッチするための View。文字列の場合は Button，画像の場合は ImageButton を使用する。
- EditText
  文字列や数値を入力するための View。InputType を設定することにより，入力値を制限することができる。
- CheckBox
  チェックボックスを表示するための View。
- RadioButton / RadioGroup
  ラジオボタンを表示するための View。ラジオボタンのグループ化は RadioGroup という LinearLayout を継承した View を使用して行う。
- Spinner

選択ボックスを表示するための View。
- SeekBar
動画などの再生位置を表示するシークバーを表示するための View。そのほか，連続値を選択させるインタフェースとして使用することもある。
- SurfaceView
ゲームや動画等の速度が求められる場合の画面表示処理に用いられる View。

A.1.2 ViewGroup 関連のクラス

View を並べるための View は，ViewGroup というクラスを継承している。ViewGroup を継承したクラスの一部を紹介する[4]。ViewGroup，およびそのサブクラスについては下記 URL を参照のこと。

> ViewGroup | Android Developers
> http://developer.android.com/intl/ja/reference/android/view/ViewGroup.html

- LinearLayout
一方向に View を並べる際に使用するレイアウト。
メリット：子要素となる View のサイズを割合で指定できる。
- RelativeLayout
View と View 間の相対的な位置付けを行うことにより構成するレイアウト。
メリット：入れ子にする必要がなく，また端末サイズの変化に適応しやすい。
- FrameLayout
View をただ重ね合わせることにより構成するレイアウト。
メリット：シンプルで扱いやすい
- TableLayout / TableRow
View を表の形で並べる際に使用するレイアウト。
メリット：列と行の位置揃えを自動で処理することができる。

A.1.3 View のメソッド

- setOnClickListener（OnClickListener listener）
View に対してクリックイベントを設定する。
- setOnTouchListener（OnTouchListener listener）
View に対してタッチイベントを設定する。
- getWidth（）/ getHeight（）
View の横幅，縦幅を取得する。

- setVisibility（int visibility）/ getVisibility（）
  View の表示状態を変更・取得するメソッド。
- setEnabled（boolean enabled）/ isEnabled（）
  View の活性・非活性状態を変更・取得するメソッド。
- setLayoutParams（LayoutParams params）/ getLayoutParams（）
  ViewGroup の設定となる LayoutParams を設定・取得する。
- setTag（Object tag）/ getTag（）
  View にタグを設定・取得する。

A.1.4　Activity のメソッド

Activity が持つメソッドのうち，使用頻度の高いメソッドを紹介する[5]。Activity のメソッド一覧については，下記 URL を参照のこと。

　　　Activity ǀ Android Developers
　　　　http://developer.android.com/intl/ja/reference/android/app/Activity.html

- onCreate（Bundle savedInstanceState）/ onDestroy（）
  Activity 生成時に呼ばれるイベントと，Activity 破棄時に呼ばれるイベント。
- onStart（）/ onStop（）/ onRestart（）
  Activity の開始時と停止時に呼ばれるイベント。onStart メソッドは起動時と，「停止」後にアプリを開き直した際に呼び出される。「停止」扱いとなるタイミングは OS 依存で，Activity がしばらくバックグラウンドにいる状態になると停止状態となり，onStop メソッドが呼ばれる。
  また，初回は実行したくないが，onStop（）の後だけ実行したい処理には onRestart（）メソッドを使用する。
- onResume（）/ onPause（）
  onResume（）は Activity が全面に表示された際に実行されるメソッド。
  onPause（）は Activity が背面に隠れた際に実行されるメソッド。
- onWindowFocusChanged（Boolean hasFocus）
  Activity が最前面となっているかどうかの状態が変化した際に呼び出される。onResume，onPause と似たような動作だが，こちらは Activity 上にダイアログを表示しただけでも呼び出される。
- onCreateOptionsMenu（Menu menu）/ onOptionsItemSelected（MenuItem item）
  設定ボタンをタッチしたときに表示される選択項目を作成するためのメソッド。引数として受け取る Menu 型の変数に対し，項目を追加していく。

A.1.5 センサの種類

5章のサンプルアプリで加速度センサを使用したが，センサマネージャに与える定数を変えることでさまざまなセンサを利用することができる．代表的なセンサを**付表1**にまとめたが[6]，このほかにも気温や磁気センサなどが存在する．最新のドキュメントについては下記 URL を参照のこと．

Sensor | Android Developers
http://developer.android.com/intl/ja/reference/android/hardware/Sensor.html

付表1 代表的なセンサの一覧

定数名	センサの種類
Sensor.TYPE_ACCELEROMETER	加速度センサ
Sensor.TYPE_GRAVITY	重力センサ
Sensor.TYPE_GYROSCOPE	ジャイロセンサ
Sensor.TYPE_LIGHT	光センサ
Sensor.TYPE_LINEAR_ACCELERATION	加速度センサ（重力抜き）

A.1.6 その他のクラス

- SoundPool
  効果音のような短い音声データを管理するために使用されるクラス．
- MediaPlayer
  音楽のような長い音声データを管理するために使用されるクラス．
- LocationManager
  GPS 情報を取得するために使用されるクラス．
- Vibrator
  バイブレーション機能を使用するためのクラス．
- NotificationManager
  通知機能を使用するためのクラス．
- Handler
  スレッドを変更して処理を実行するためのクラス．

A.1.7 パーミッション

AndroidManifest.xml に記述するパーミッションの一部を紹介する[7]．最新のドキュメントは次ページの URL を参照．

Manifest.permission | Android Developers
http://developer.android.com/intl/ja/reference/android/Manifest.permission.html

- ACCESS_COARSE_LOCATION
WiFi などの GPS 以外から得られる大まかな位置情報を取得する権限。
- ACCESS_FINE_LOCATION
GPS から得られる位置情報を取得する権限。
- ACCESS_NETWORK_STATE
ネットワークの状態を取得する権限。
- ACCESS_WIFI_STATE
WiFi の状態を取得する権限。
- BLUETOOTH / BLUETOOTH_ADMIN
Bluetooth を扱うための権限。BLUETOOTH が状態を取得するための権限となり，BLUETOOTH_ADMIN が変更のための権限となる。
- INTERNET
ネットワークを扱うための権限。
- READ_EXTERNAL_STORAGE
外部ストレージのファイルを読み込むための権限。
- VIBRATE
バイブレーション機能を利用するためのクラス。
- WRITE_EXTERNAL_STORAGE
外部ストレージのファイルに書き込むための権限。読込みも可能。

A.1.8　リソースの種類

Android プロジェクトの res ディレクトリに格納されるリソースと，ディレクトリに付与される修飾子の一部を**付表 2** に紹介する[8]。最新のドキュメントは次ページの URL を参照のこと。

付表 2　リソースの種類一覧

種　類	格納先ディレクトリ	ID
画像	drawable	R.drawable.name
レイアウト	layout	R.layout.name
アイコンなど*	mipmap	R.mipmap.name
メニュー項目	menu	R.menu.name

付表 2 （つづき）

種類	格納先ディレクトリ	ID
アニメーション定義	anim	R.anim.name
XML ファイル	xml	R.xml.name
文字列	values	R.string.name
数値	values	R.integer.name
色	values	R.color.name
大きさ	values	R.dimen.name
ID	values	R.id.name
スタイル	values	R.style.name
音	raw	R.raw.name

〔注〕 ＊ アイコンに限らず，さまざまなサイズで表示される画像に使用する。

リソースの提供 | Android Developers
http://developer.android.com/intl/ja/guide/topics/resources/providing-resources.html

A.1.9 リソースディレクトリの修飾子の種類

リソースファイルを格納するディレクトリ名にハイフン区切りで修飾子を付加することで，Android 端末に応じたリソースを参照することができる。英語圏用のリソースファイルを格納するディレクトリの場合は，「values-en」といった名前を使用する。

- 言語と地域

    フォーマット：言語コード，もしくは言語コード -r 地域コード

    修飾子例：ja，en，en-rUS

    言語コードを指定すると，Android 端末の言語設定に応じてリソースを切り替えることができる。また，英語や中国語のような地域により差異のある言語の場合は，言語コードの後ろに地域コードを付加することで区分することも可能。

- 端末サイズ（短辺）

    フォーマット：sw<N>dp

    修飾子例：sw600dp

    Android 端末の短辺（多くの場合，スマートフォンは横幅，タブレットは縦幅）が指定値以上の場合に適用される修飾子。画面サイズに応じたレイアウトを使用する際などに利用される。

- 端末サイズ（横幅）

フォーマット：w<N>dp

修飾子例：w600dp

Android 端末の横幅が指定値以上の場合に適用される修飾子。横幅はスマートフォン，タブレット問わず，現在の画面の向きに対しての横幅となる。

- 端末サイズ（高さ）

フォーマット：h<N>dp

修飾子例：h600dp

Android 端末の横幅が指定値以上の場合に適用される修飾子。横幅はスマートフォン，タブレット問わず，現在の画面の向きに対しての横幅となる。

- 画面サイズ

フォーマット：small, normal, large, xlarge のいずれか。

画面サイズに応じてレイアウトを変更する場合に使用する。おおむね，small は 320 × 426 dp，normal は 320 × 470 dp，large は 480 × 640 dp，xlarge は 720 × 960 dp となる。この修飾子を指定した場合，画面サイズに応じて適切なリソースが選ばれるようになる。

- 端末の向き

フォーマット：port, land のいずれか。

端末が縦向きの場合は port，端末が横向きの場合は land が適用される。

- 画面ピクセル密度

フォーマット：ldpi, mdpi, hdpi, xhdpi, xxhdpi, xxxhdpi, nodpi, tvdpi のいずれか。

画面のピクセル密度によりリソースを変更する場合に使用する。この修飾子を使用して，同じ画像でも端末により適切な解像度の画像を利用することができる。

- Android OS バージョン

フォーマット：v<N>

修飾子例：v4, v7, v10

Android OS のバージョンによるリソースの参照を行う際に使用する。

A.2 用　語　集

- Activity
  Android OS で画面を管理するクラス。
- AndroidManifest.xml
  Android アプリの設定を行うためのファイル。
- Android SDK
  Android アプリを開発する際に使用される，API などが格納された開発キット。
- Android Studio
  Android アプリを開発するための Google 製の統合開発環境 (IDE)。
- APK ファイル
  Android 端末にアプリをインストールする際に使用されるファイル。Google の Play ストアにアプリを公開する際にも必要となる。
- AppCompat
  古い Android OS で新しい機能を利用するための，公式のサポートライブラリ。
- build.gradle
  ビルド設定を行うためのファイル。
- dp
  Android OS でサイズ指定を行う際に使用される単位。この単位を使用することにより，画面解像度の違いを吸収することができる。
- Intent
  画面やアプリ間のデータのやり取りに使用されるクラス。
- Java
  Android アプリを開発する際に使用される言語。
- Theme
  文字色や背景色のベースとなる設定。
- Toast
  画面下部に表示される，短時間のメッセージ。
- View
  Activity に配置される，画面を構成するパーツのクラス。テキストやボタンなどは View クラスを継承しており，View クラスを継承することで自作の View を作成することもできる。
- エミュレータ

PC 上で仮想的に動作する Android 端末。テストの際に，実際の Android 端末を所有していない場合などに使用される。
- コンテンツプロバイダ

  Android 端末内に保存されている画像ファイルや動画ファイルなどを管理する仕組み。
- プリファレンス

  アプリの設定等をファイルに保存するための仕組み。
- プロジェクト

  Android Studio でアプリの開発を行う際の単位。
- リソース

  画像やテキストなどの，アプリに使用されるファイル。

引用・参考文献

1) Android Studio と SDK Tools のダウンロード | Android Developers
   https://developer.android.com/intl/ja/sdk/index.html#Requirements
2) Package Index | Android Developers
   http://developer.android.com/intl/ja/reference/packages.html
3) View | Android Developers
   http://developer.android.com/intl/ja/reference/android/view/View.html
4) ViewGroup | Android Developers
   http://developer.android.com/intl/ja/reference/android/view/ViewGroup.html
5) Activity | Android Developers
   http://developer.android.com/intl/ja/reference/android/app/Activity.html
6) Sensor | Android Developers
   http://developer.android.com/intl/ja/reference/android/hardware/Sensor.html
7) Manifest.permission | Android Developers
   http://developer.android.com/intl/ja/reference/android/Manifest.permission.html
8) Resource Types | Android Developers
   http://developer.android.com/intl/ja/guide/topics/resources/available-resources.html

演習問題解答

【3章】
考え方：レイアウトファイルを修正してEditTextなどを追加し，プログラムでEditTextに入力された内容を処理する。

- res/layout/activity_main.xml

まずはレイアウトの修正から行う。Spinnerを削除し，EditTextを二つ配置すると，おおよそ**解図1**のような画面となる。EditTextに入力された値を範囲として取り込むタイミングは，決定ボタンが押されたときが適切だろう。

解図1 3章演習問題　レイアウト例

- res/values/strings.xml

```
<string name="from_to"> ～ </string>
<string name="range_error">範囲を示す値を正しく入力してください。</string>
```

また，EditText間にある「～」を表示するTextViewが存在するが，この文字列についても「values/strings.xml」で定義している。EditTextに不正な値が入力された場合にも備え，エラー表示の文言も併せて追加している。

- MainActivity.java – 20 〜 41 行目（抜粋）

```
private static final int DEFAULT_FROM = 1;
private static final int DEFAULT_TO = 100;
private EditText range_from_edit_text;
private EditText range_to_edit_text;
private Button range_button;
```

Spinner と，Spinner に設定されていた範囲の一覧を削除し，範囲の初期値とEditText 二つ，そして決定ボタンの Button の変数を一つ用意している。

- MainActivity.java – 54 〜 102 行目

追加した分の EditText と Button を findViewById メソッドにより取得する処理を実装している。Spinner では起動時に自動で onItemSelected メソッドが呼ばれていたが，今回はそういった動作が存在しないため，自前で chooseValue メソッドを呼び出している。

- MainActivity.java – 130 〜 159 行目

正解値の抽選メソッドだが，Range クラスの使用法が変わっているだけである。範囲の開始値が終了値より大きかった場合だけ例外を発生させ，エラーをメッセージに表示するようにしている。回答時にもメッセージを表示する処理があるため，新しく追加した addMessage メソッドによりメッセージ表示処理を行っている。

- MainActivity.java – 176 〜 182 行目

ボタンが増えたため，onClick メソッドの分岐を追加している。ボタンタッチ時は，chooseValue メソッドを呼び出して値の再抽選を行っている。

- MainActivity.java – 253 行目

メッセージを表示する処理は新しく addMessage メソッドを作成したため，addMessage メソッドの呼出しに変更している。

- MainActivity.java – 260 〜 278 行目

もともと answerCheck メソッドで行っていたメッセージの表示処理を，addMessage メソッドとして新しく作成している。これにより，正解値抽選時と回答時のメッセージ表示処理を共通化することができる。

【4章】

考え方：SoundPool.play メソッドで左右の音量を設定できるため，Drum クラスの play メソッドに引数を追加し，左・中央・右のどこから流すか決められるようにする。

- Drum.java – 20 〜 34 行目

今回は，左・中央・右の音量バランスを列挙型の「Position」で定義する形とした。これにより，左寄りの音と右寄りの音を指定することとする。

- Drum.java – 108 〜 127 行目

play メソッドの引数に前述の Position を追加している。この変更により，SoundPool.play メソッドの音量指定を引数により変えることができる。このような実装のほか，左右それぞれの音量を float 型で受け取るような実装もよいだろう。

- MainActivity.java – 128 〜 152 行目（抜粋）

```
Position position = x < DRUM_WIDTH / 2 ?
    Position.LEFT : Position.RIGHT;
```

Drum.play メソッドに引数を追加したため，タッチ時の呼出し方も併せて修正する。左右かどうかは，画面横幅の半分よりタッチした X 座標が小さいかどうかを基準に判断している。

バスドラム以外は，ここで取得した position を Drum.play メソッドの第 2 引数に渡すことにより対応している。バスドラムは中央に一つだけであるため，Position.CENTER 固定としている。

【5 章】

考え方：SurfaceView にタッチイベントを設定し，2 点タッチ時の 2 点間の距離を計算して使用する。

- MainActivity.java – 84 〜 85 行目（抜粋）

```
private float ball_size = PICTURE_SIZE;
```

表示するボールのサイズが可変となるため，変数を一つ用意する。

- MainActivity.java – 102 〜 123 行目

SurfaceView の setOnTouchListener メソッドを使用し，SurfaceView へタッチイベントを設定している。今回はその場で匿名クラスを使用し，処理内容を実装した。
2 点タッチが行われているかどうかの判定は，つぎの if 文で判定可能である。

```
if(event.getPointerCount() == 2)
```

また，タッチされている 2 点の座標は MotionEvent.getX (int index)，MotionEvent.getY (int index) で取得することができるため，2 点間の距離は以下のように求められる（三平方の定理）。

```
float dx = event.getX(0) - event.getX(1);
```

```
    float dy = event.getY(0) - event.getY(1);
    float size = (float)Math.sqrt(dx * dx + dy * dy);
```

基本的にはこの値をボールのサイズとすればよいのだが，画面のサイズを超えないよう最大値を決める必要がある。

```
    int short_edge = Math.min(screen.getWidth(), screen.getHeight());
```

画面の横幅と縦幅の小さい方を，Math.min メソッドにより取得している。これを最大値とするため，変数 ball_size に設定する式は以下の式となる。

```
    ball_size = Math.min(size, short_edge);
```

- MainActivity.java – 481 〜 482 行目

座標の最大値の計算についても変更が必要となる。もともとは画像の表示サイズは固定であったため，ball_image の getWidth メソッド，getHeight メソッドで得られる横幅・縦幅を減算していたが，今回の変更で表示サイズが可変となるため，変数 ball_size の値を減算するようにしている。

```
    float wx = canvas.getWidth() - ball_size;
    float wy = canvas.getHeight() - ball_size;
```

- MainActivity.java – 494 〜 506 行目

キャンバスへの描画方法も変更となる。今回は Matrix を用いた方式で実装する。Matrix を使用する場合は，拡大率と表示位置を設定する必要がある。

拡大率は，元の画像サイズと表示したいサイズの比となるため，以下の式により求められる。

```
    float scale = ball_size / ball_image.getWidth();
```

Matrix に拡大率と位置を設定するのは postScale メソッドと postTranslate メソッドとなる。postScale メソッドの引数は二つあるが，それぞれ縦と横の拡大率を指定する。

```
    Matrix matrix = new Matrix();
    matrix.postScale(scale, scale);
    matrix.postTranslate(ball_x, ball_y);
```

Matrix を使用した Bitmap の描画は，drawBitmap のオーバロードである以下のメソッドにより行う。これにより，Bitmap の拡大・縮小表示を行うことができる。

```
canvas.drawBitmap(ball_image, matrix, null);
```

【6章】

考え方：Viewにロングタップのイベントを設定し，共有用のインテントを発行する。

- MainActivity.java – 30行目

まずはロングタップのイベントを実装するため，クリックイベントと同様にOnLongClickListenerを実装する。

- MainActivity.java – 271行目

つぎに，クリックイベントと同様にロングタップイベントを設定する。ロングタップイベントの設定にはsetOnLongClickListenerメソッドを使用する。

```
picture_block.setOnLongClickListener(MainActivity.this);
```

- MainActivity.java – 316 ～ 330行目

ロングタップ時の処理となる，onLongClickメソッドのオーバライドを行う。
ロングタップされたViewに紐付けられたPictureDataの取得方法についても，クリック時と同様である。

```
PictureData data = (PictureData) v.getTag();
```

写真ファイルはPictureData.getPictureFileメソッドにより取得できるため，共有用Intentの作成，開始は以下のように行うことができる。

```
Intent intent = new Intent(Intent.ACTION_SEND);
intent.setType("image/jpeg");
intent.putExtra(Intent.EXTRA_STREAM,
    Uri.fromFile(data.getPictureFile(this)));
startActivity(intent);
```

以上により共有用Intentが開始され，ほかのアプリに写真を渡すことができる。

ただし，問題が一つ残っている。ここで適切な処理を行わないとタッチ終了後にクリックイベントも呼ばれてしまい，ギャラリーアプリの方で共有先のアプリが起動した後に詳細画面へ遷移してしまう問題が発生してしまう。これを防ぐためには，onLongClickメソッドの戻り値にtrueを返せばよい。trueを返すことにより，通常のクリックイベントをキャンセルすることができる。

【7章】

① 考え方：タッチイベントの処理を追加し，弾発射のフラグ管理を修正する。

- Game.java – 134 〜 154 行目

ACTION_DOWN，ACTION_POINTER_DOWN だけでなく，ACTION_UP，ACTION_POINTER_UP も処理するよう修正する。この際，タッチ開始かタッチ終了か区別するため，Scene クラスの setTouch メソッドに引数を追加し，タッチ開始なら true，タッチ終了なら false を渡すようにしている。

- Title.java – 95 〜 104 行目

setTouch メソッドの引数が追加されたため，タッチ開始時にだけ次画面に進むよう変更している。

- Main.java – 280 〜 285 行目

setTouch メソッドの処理はもともと変数 shoot_flag に true を代入するだけであったが，今回の変更によりタッチ状態がそのまま自機の弾発射状態となるため，shoot_flag にはタッチ状態を表す touch を代入するよう変更している。

- Main.java – 104 〜 122 行目

設問は「タッチ中は弾が連続で発射される仕様とせよ」となっているが，毎フレーム弾を撃ってしまうと連なったように表示されてしまうため，数フレームおきに処理するよう制御している。解答例では3フレームおきに処理する実装としており，3フレーム分のカウントに変数 shoot_cooltime_count を使用している。

変数 shoot_cooltime_count は0より大きい場合にデクリメントするようになっており，弾発射条件の if 文に変数 shoot_cooltime_count が0であるかの判定が追加されている。

```
if (shoot_flag && shoot_cooltime_count == 0)
```

そして，もともとはタッチ時に1発だけ発射する仕様であったため，shoot_flag のクリアをここで行っていたが，今回の問題では不要なためコメントアウトしている。代わりに，3フレーム分の待ちを発生させるため，変数 shoot_cooltime_count に定数 SHOOT_COOLTIME（3）を代入している。

② 考え方：Enemy クラスに体力を管理する処理を追加する。

- Enemy.java – 60 行目

まずは体力を管理するための変数を追加する。

```
protected int hp;
```

- Enemy.java – 70 行目

そして，コンストラクタで HP を初期化する処理を追加する。今回は3発まで耐える仕様とした。

```
      this.hp = 3;
```

- Enemy.java – 128 〜 137 行目

最後に，被弾時の処理を修正する．Enemy.java には被弾時処理の hit メソッドが実装されており，元の実装では無条件で削除処理を行っていたため，これを体力を考慮した実装に修正する．

```
   public void hit(){
      if(--hp <= 0){
         die();
      }
   }
```

③ 考え方：Enemy クラスをオーバライドしたクラスを追加し，敵を発生させる部分の処理を修正する．

- ResourceManager.java – 75 行目

元のプログラムでは enemy_red.png が読み込まれていないため，読み込む処理を追加する．今回は addBitmap メソッドを用意してあるため，これを利用する．

```
   addBitmap(resources, R.drawable.enemy_red);
```

- Enemy.java – 140 〜 142 行目

後述の処理に使用するため，敵を倒した際の加算スコアを新しく getScore メソッドとして実装した．もともとは Main.java に定義されていたが，これにより敵ごとにスコアを変更することが可能になる．

```
   public int getScore(int level){
      return 100 + level * 10;
   }
```

- EnemyRed.java – 13 行目

追加する敵も基本的な動作は Enemy と同じであるため，Enemy を継承した EnemyRed クラスを作成する．

```
   public class EnemyRed extends Enemy
```

- EnemyRed.java – 16 〜 21 行目

コンストラクタでは元のコンストラクタを呼べばよい．今回は，その後に体力を 3 倍とする処理を行っている．

- EnemyRed.java – 24 〜 28 行目

敵の描画処理をオーバライドして修正する。Enemy クラスでは R.drawable.enemy を描画するようになっているため，これを R.drawable.enemy_red を描画するよう修正する。

- EnemyRed.java – 31 〜 62 行目

shoot メソッドでは弾の発射処理を行うが，これも Enemy との差別化のために追加の処理を行っている。計算処理が多いため詳細は割愛するが，自機を狙った弾と，その左右にも 1 発ずつ発射する処理を行っている。

- EnemyRed.java – 65 〜 68 行目

倒した際のスコアを返す getScore メソッドもオーバライドし，元の 3 倍のスコアを返すようにしている。

- Main.java – 167 行目

スコア加算処理を計算式から Enemy クラスの getScore メソッドを呼び出すよう変更している。

- Main.java – 245 〜 254 行目

敵の追加処理を確率により分岐させるようにし，5% の確率で今回追加した EnemyRed クラスの敵を出現させるようにしている。これにより，まれに異なる敵が出てくるといった実装を実現することができる。

索引

【あ】
アイコン　29
暗黙的インテント　71

【い】
インテント　70

【こ】
コンテンツプロバイダ　75

【し】
修飾子　20

【て】
デバッグ　43

【は】
パーミッション　66

【ふ】
プリファレンス　109
プロジェクト　7

【め】
メモリリーク　141

【り】
リソースファイル　20

【れ】
レイアウト　23

【ろ】
ログ　33

【A】
Activity　32
AlertDialog　108
AndroidManifest　30
Android Studio　5
APK ファイル　143
AppCompatActivity　58

【B】
Bitmap　80
BitmapFactory　77
build.gradle　46
Button　28

【C】
Canvas　81
ContentResolver　76

【D】
dp　21

【E】
EditText　27

【F】
findViewById　35
finish　108

【G】
getContentResolver　76
getExternalCacheDir　70
getExternalFilesDir　101
getLayoutInflater　111
gravity　26

【H】
Handler　89

【I】
id　25
ImageView　53
Intent　71

【L】
layout_height　25
LayoutInflater　111
LayoutParams　116
layout_width　25
LinearLayout　97
Log　33

【M】
match_parent　25
Matrix　79
Menu　82
MenuItem　84
MotionEvent　61

【O】
onActivityResult　73
OnClickListener　36
onCreate　32

onCreateOptionsMenu	82	Resources	139	**【T】**		
onDestroy	139	**【S】**		TextView	25	
OnEditorActionListener	36			Toast	74	
OnItemSelectedListener	36	screenOrientation	67			
onKeyDown	140	Sensor	84	**【U】**		
onOptionsItemSelected	83	SensorEvent	87	uses-permission	66	
onPause	59	SensorEventListener	85	**【V】**		
onResume	59	SensorManager	84			
OnTouchListener	61	setContentView	34	View	35	
【P】		SharedPreferences	110	ViewGroup	115	
padding	25	SoundPool	54	ViewPager	96	
PagerAdapter	114	Spinner	27	**【W】**		
Paint	81	startActivityForResult	72	wrap_content	25	
【R】		SurfaceHolder	88			
RelativeLayout	24	SurfaceView	65			

─── 著者略歴 ───

長谷　篤拓（はせ　あつひろ）
2012 年　函館工業高等専門学校卒業
　　　　株式会社ロジックデザイン入社
　　　　以降，ソフトウェア開発業務に従事
2013 年　企業向け「Android 開発技術者養成
　　　　研修」講師担当
2014 年　一般向け「スマホアプリ開発講座」
　　　　講師担当
　　　　現在に至る

中庭　伊織（なかにわ　いおり）
1996 年　茨城工業高等専門学校卒業
1997 年　株式会社ロジックデザイン入社
　　　　以降，ソフトウェア開発業務に従事
2008 年　一般向け「社会人の学びなおし組み
　　　　込みシステム基礎」講師担当
2013 年　企業向け「Android 開発技術者養成
　　　　研修」講師担当
2014 年　一般向け「スマホアプリ開発講座」
　　　　講師担当
　　　　現在に至る

Android プログラミング入門
─── 独りで学べるスマホアプリの作り方 ───
Introduction to Android Programming
── How to Make Smartphone Application through Self-study ──

Ⓒ 株式会社 アンサリードシステム　2016

2016 年 10 月 21 日　初版第 1 刷発行　　　　　　　　　　★

|検印省略| 編　者　株式会社
　　　　　　　　アンサリードシステム
　　　　　　　　教　育　事　業　部
　　　　著　者　長　谷　篤　拓
　　　　　　　　中　庭　伊　織
　　　　発行者　株式会社　コ ロ ナ 社
　　　　　　　　代表者　牛来真也
　　　　印刷所　萩原印刷株式会社

112-0011　東京都文京区千石 4-46-10
発行所　株式会社　コ ロ ナ 社
CORONA PUBLISHING CO., LTD.
Tokyo Japan
振替 00140-8-14844・電話(03)3941-3131(代)
ホームページ http://www.coronasha.co.jp

ISBN 978-4-339-02862-1　　（横尾）　　（製本：愛千製本所）
Printed in Japan

本書のコピー，スキャン，デジタル化等の
無断複製・転載は著作権法上での例外を除
き禁じられております。購入者以外の第三
者による本書の電子データ化及び電子書籍
化は，いかなる場合も認めておりません。

落丁・乱丁本はお取替えいたします

コンピュータサイエンス教科書シリーズ

(各巻A5判)

■編集委員長　曽和将容
■編集委員　　岩田　彰・富田悦次

配本順		書名	著者	頁	本体
1.	(8回)	情報リテラシー	立花 康夫／曽和 将容／春日 秀雄 共著	234	2800円
4.	(7回)	プログラミング言語論	大山口 通夫／五味 弘 共著	238	2900円
5.	(14回)	論理回路	曽和 将容／範 公司 共著	174	2500円
6.	(1回)	コンピュータアーキテクチャ	曽和 将容 著	232	2800円
7.	(9回)	オペレーティングシステム	大澤 範高 著	240	2900円
8.	(3回)	コンパイラ	中田 育男 監修／中井 央	206	2500円
10.	(13回)	インターネット	加藤 聰彦 著	240	3000円
11.	(4回)	ディジタル通信	岩波 保則 著	232	2800円
13.	(10回)	ディジタルシグナルプロセッシング	岩田 彰 編著	190	2500円
15.	(2回)	離散数学 ―CD-ROM付―	牛島 和夫 編著／相朝 利民／廣雄 共著	224	3000円
16.	(5回)	計算論	小林 孝次郎 著	214	2600円
18.	(11回)	数理論理学	古川 康一／向井 国昭 共著	234	2800円
19.	(6回)	数理計画法	加藤 直樹 著	232	2800円
20.	(12回)	数値計算	加古 孝 著	188	2400円

以下続刊

2. データ構造とアルゴリズム	伊藤 大雄 著	3. 形式言語とオートマトン	町田 元 著
9. ヒューマンコンピュータインタラクション	田野 俊一 著	12. 人工知能原理	嶋田・加納 共著
14. 情報代数と符号理論	山口 和彦 著	17. 確率論と情報理論	川端 勉 著

定価は本体価格+税です。
定価は変更されることがありますのでご了承下さい。

◆図書目録進呈◆

自然言語処理シリーズ

(各巻A5判)

■監修　奥村　学

配本順		著者	頁	本体
1.（2回）	言語処理のための機械学習入門	高村 大也 著	224	2800円
2.（1回）	質問応答システム	磯崎・東・中永田・加藤 共著	254	3200円
3.	情報抽出	関根 聡 著		
4.（4回）	機械翻訳	渡辺・今村・賀沢・Graham・中澤 共著	328	4200円
5.（3回）	特許情報処理：言語処理的アプローチ	藤井・谷川・岩山・難波・山本・内山 共著	240	3000円
6.	Web言語処理	奥村 学 著		
7.（5回）	対話システム	中野・駒谷・船越・中野 共著	296	3700円
8.（6回）	トピックモデルによる統計的潜在意味解析	佐藤 一誠 著	272	3500円
9.	構文解析	鶴岡 慶雅・宮尾 祐介 共著		
10.	文脈解析：述語項構造，照応，談話構造の解析	笹野 遼平・飯田 龍 共著		
11.	語学学習支援のための自然言語処理	永田 亮 著		
12.	医療言語処理	荒牧 英治 著		

定価は本体価格+税です。
定価は変更されることがありますのでご了承下さい。

図書目録進呈◆